高职高专土建类工学结合"十二五"规划教材

工程造价软件应用

主　编　蒋晓云　黄洁贞　蒋艳芳
副主编　张玉英　卢春燕　郑学奎
　　　　　魏　震
参　编　王全杰　陈佳佳

华中科技大学出版社
中国·武汉

内 容 提 要

全书共分为12个任务，主要内容为一个完整项目（培训楼工程）的所有建筑、装饰工程的计量与计价，涉及内容有土方工程、混凝土工程（基础、柱、梁、板、楼梯、构造柱、阳台、栏板、挑檐、压顶、台阶、散水）、钢筋工程、砌筑工程（砖基础、砖墙）、屋面防水工程、保温隔热工程、楼地面工程、墙柱面工程、天棚工程、油漆涂料裱糊工程和门窗工程。

本书采用广联达软件，涉及的软件有广联达土建算量软件（GCL2013）、广联达钢筋算量软件（GGJ2013）和广联达计价软件（GBQ 4.0）。

本书完全项目化，重操作、轻理论，可作为高等职业学院、高等专科学校及应用型本科的工程造价、建设工程管理、建筑工程技术和工程监理等专业的教材，也可供相关专业的工程技术人员自学使用。

图书在版编目（CIP）数据

工程造价软件应用/蒋晓云，黄洁贞，蒋艳芳主编. —武汉：华中科技大学出版社，2015.1
高职高专土建类工学结合"十二五"规划教材
ISBN 978-7-5680-0606-4

Ⅰ.①工… Ⅱ.①蒋… ②黄… ③蒋… Ⅲ.①建筑工程-工程造价-应用软件-高等职业教育-教材
Ⅳ.①TU723.3-39

中国版本图书馆CIP数据核字（2015）第022877号

工程造价软件应用 蒋晓云 黄洁贞 蒋艳芳 主编

责任编辑：金 紫
封面设计：李 嫚
责任校对：李 琴
责任监印：张贵君
出版发行：华中科技大学出版社（中国·武汉）
武昌喻家山 邮编：430074 电话：（027）81321915
录 排：武汉楚海文化传播有限公司
印 刷：湖北恒泰印务有限公司
开 本：787mm×1092mm 1/16
印 张：8.5
字 数：191千字
版 次：2015年3月第1版第1次印刷
定 价：59.80元（含1DVD）

前　　言

“工程造价软件应用”是工程造价专业的一门专业核心课程，是工程造价工作计算机化的体现，同时它也是以后造价工作适应 BIM 技术应用的发展趋势。通过学习，使学生掌握运用计算机计算工程量、抽取钢筋及计算工程造价等一系列工程造价工作，这将对培养大学生在专业技术方面的计算机应用能力，提高其专业技术的综合素质，以适应高度信息化、社会化的需要，具有重要的作用。

本书视角新颖、内容丰富，主要有以下几个特点。

一、全新的学生视角

教材主要是写给学生看的，不是给老师，也不是给所谓的“专家”看的，编写教材不是为了能得奖，也不是为了入选什么规划教材，一本连学生都看不懂的规划教材，就不是一本好教材。因此，编写教材就应该站在学生的角度来编写。本书就是完全站在学生的角度，采用一个典型的工程项目，从零开始，一步一步，“手把手”，教学生如何使用软件计算该项目的工程造价，没有概念、理论的阐述，不需公式、程序的识记，只需根据教材的演示来模仿操作，然后再独立完成一个新的工程项目，操作完成即掌握软件操作，同时又巩固了造价知识。

二、项目引领、任务驱动

本书选用了一个典型工作案例——“培训楼工程”，以实际工作过程为步骤，将项目分解为 12 个任务，教材内容全以操作指导的方式带领学生一步一步完成项目。书中标有【注意】的部分，表示提醒学生注意操作方法，并解释操作原理。书中标有【拓展】的部分，表示可以采用多种方法进行操作，有多种途径可解决工程问题，希望读者能根据提示自行操作一遍。本工程项目虽小，但经过精心设计，基本上常见的工程构件、建筑形式都在此项目中有所体现，为了能让学生在这个项目里尽可能接触到多的工程问题，有些地方设计得不是很符合实际，望读者见谅。

三、全书视频演示

教材只是从书面上展示了整个项目的完成过程，为了更直观，更易于读者学习，本书还附有配套的全书视频演示(附光盘 1.73G)，视频是在上课现场录制的，身临其境、图文声像并茂，全方位展示工作过程和操作细节。

四、同步网络课程

教材和视频展示的内容是有限的，为了更大限度地共享资源，与读者互动，本课程开设了网络课程，大家可访问 http://ds.gzccc.edu.cn/suite/solver/classView.do?classKey=1221182&menuNavKey=1221182 进入我们的网络课程网站，亦可通过广州城建职业学院的官网(http://www.gzccc.edu.cn/)→教务管理→专题网站→精品课程→找到“预算电算化”课程。网站上有大量相关资源可查阅、观看、下载，同时可以在线提问，在线自学、自测，读者相互交流等等。

五、先试用后出版

为了确保本书质量，本书曾以讲义的方式在广州城建职业学院的20个工程造价班上试用过，反响很好，但也发现了不少不足之处，经过多次研讨、修改，才敢于交付出版社出版。

本书有大量的计算机截图，以及详细的步骤分解，在编写过程中，得到了广州城建职业学院广大师生的支持和帮助，在此感谢广州城建职业学院12级工程造价学生提出的诸多宝贵意见，以及参与编写的课程组老师的辛勤劳动。本书的任务1至任务7由黄洁贞编写，其他由蒋晓云编写，感谢蒋艳芳、卢春燕、郑学奎、张玉英、魏震的辛苦截图，以及参与教材设计与讨论。同时也感谢广联达软件股份有限公司的王全杰、陈佳佳为本书提供的技术支持和内容审查。由于编者水平有限，本书可能存在一些不足之处，敬请读者在网站给我留言，批评指正。

蒋晓云

2015年1月20日

目　录

任务1　课程介绍、软件入门，建立轴网，绘制柱构件

能力训练任务或案例 通过学习和实操，完成项目（培训楼工程）任务： 1. 建立项目、输入工程设置（工程信息、楼层信息）信息； 2. 根据项目的实际情况对各工程构件的计算设置进行修改； 3. 建立该项目轴网； 4. 能正确定义并绘制柱构件。	
能力（技能）目标 1. 熟悉广联达软件运行平台，独立完成整套软件的安装及卸载操作； 2. 应用算量软件进行项目建立、工程设置、计算设置； 3. 正确建立轴网，画辅助轴线，并进行相关修改； 4. 定义并绘制柱构件。	知识目标 1. 掌握软件的安装及卸载； 2. 熟悉软件的操作界面； 3. 掌握算量软件中各工程构件计算设置的修改； 4. 掌握正交、斜交、圆弧轴网的建立及轴号、轴距等相关修改操作； 5. 掌握矩形柱、圆形柱、参数化柱、异形柱的定义及其绘制方法，特别是偏心柱的绘制操作。

1.1　新建项目

（1）双击图标进入“欢迎使用GCL2013”界面，如图1.1.1所示。

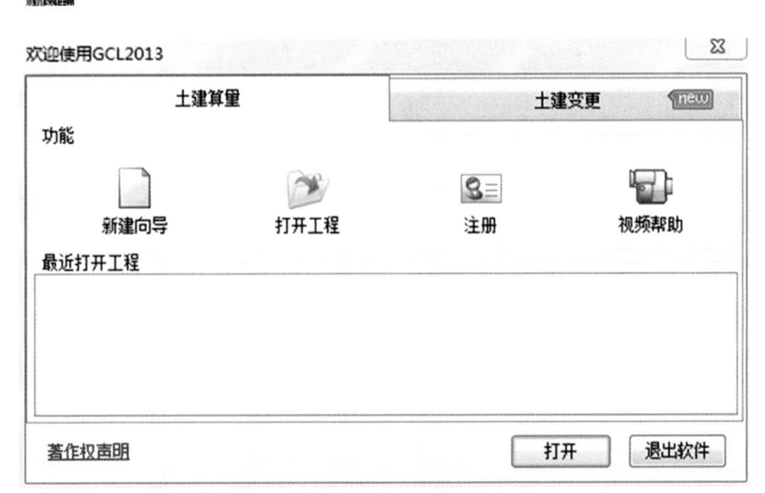

图 1.1.1

(2) 单击“新建向导”，进入新建工程界面，如图 1.1.2 所示。

图 1.1.2

(3) “工程名称”填写为“培训楼”，选择“清单规则”和“定额规则”，“清单库”和“定额库”会根据所选的计算规则而定，不需要选择，如图 1.1.3 所示。

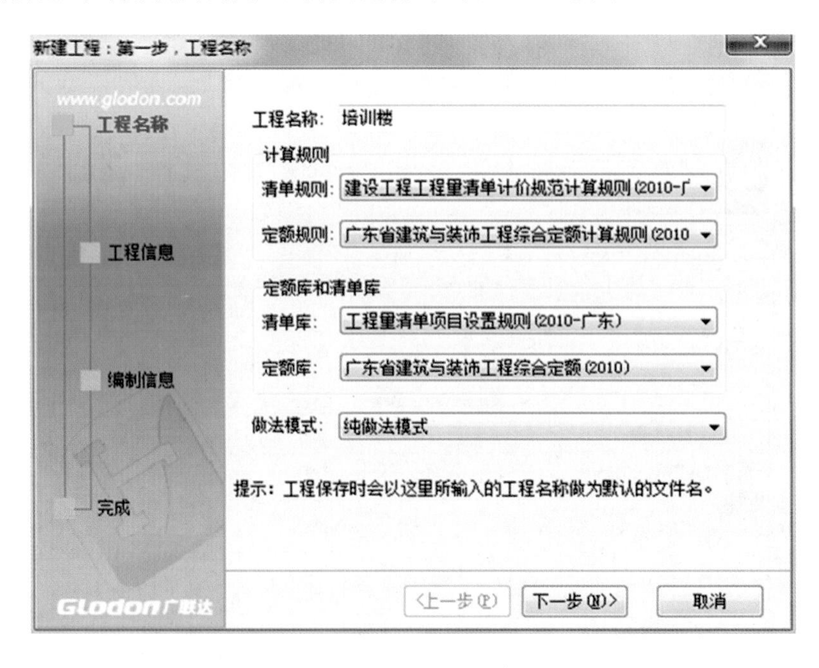

图 1.1.3

(4) 单击“下一步”按钮，进入工程信息界面，填写室外地坪标高等内容，注意：只需填写蓝色字体内容，如图 1.1.4 所示。

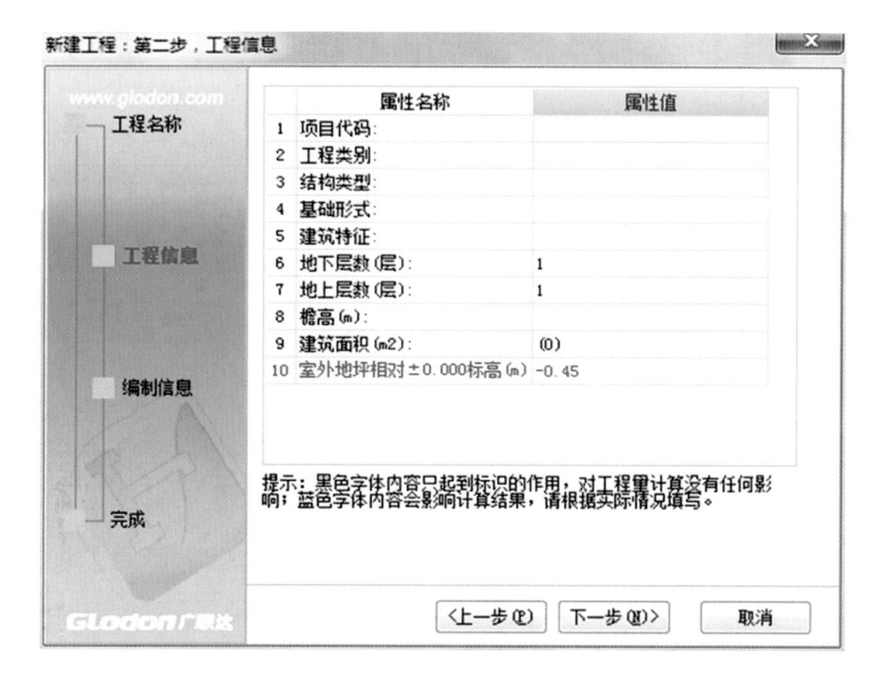

图 1.1.4

(5) 单击“下一步”按钮,进入编制信息界面,该界面内容不用填写,如图 1.1.5 所示。

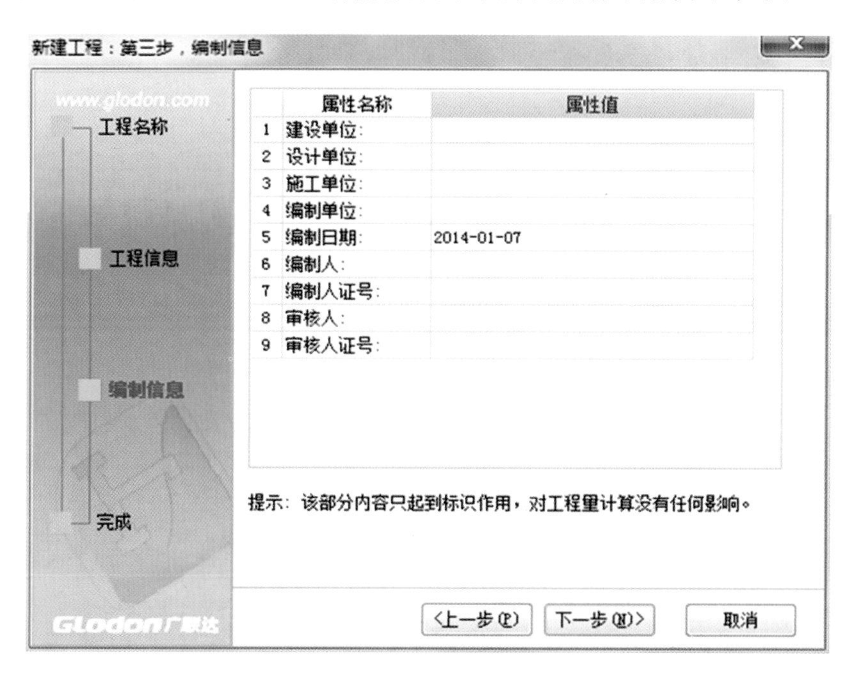

图 1.1.5

(6) 单击“下一步”按钮,进入完成界面,该界面内容不用填写,只需检查清单、定额和做法模式是否有错,如果没有错误,则单击“完成”按钮,如果有错误,单击“上一步”按钮进行修改,如图 1.1.6 所示。

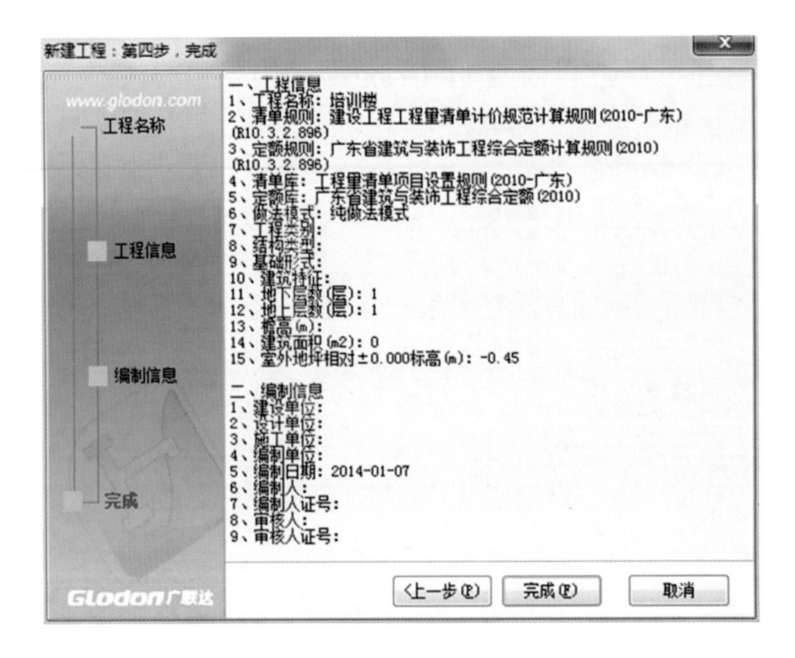

图 1.1.6

1.2 新建楼层

(1) 进入楼层信息界面，如图 1.2.1 所示。

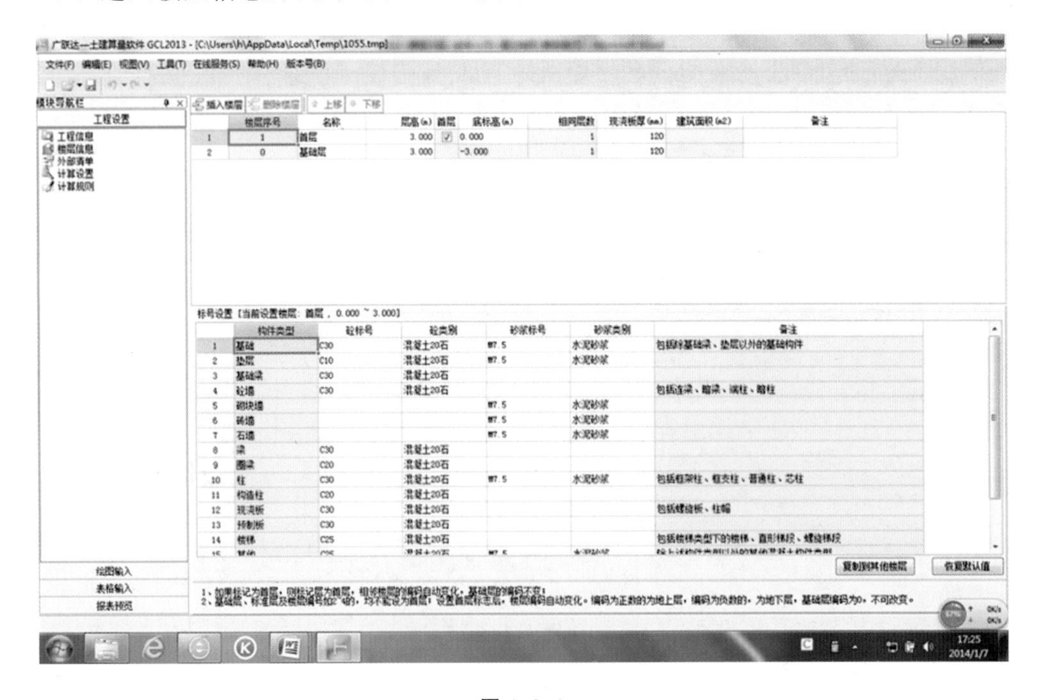

图 1.2.1

【注意】 在楼层信息界面，需要进行楼层的修改和混凝土标号的修改，砂浆标号因为用得比较少，所以不用在此处进行修改。

(2) 楼层修改,单击“插入楼层”进行楼层添加,单击“删除楼层”进行楼层删除,如果出现标准层,可以在该行输入相同层数,并按图纸设置层高,如图 1.2.2 所示。

	楼层序号	名称	层高(m)	首层	底标高(m)	相同层数
1	3	屋面层	0.600	☐	7.200	1
2	2	第2层	3.600	☐	3.600	1
3	1	首层	3.600	☑	0.000	1
4	0	基础层	1.500		-1.500	1

图 1.2.2

(3) 混凝土标号修改,按图纸设置混凝土标号,点击“砼标号”列,下拉选择混凝土标号,先修改基础层,如图 1.2.3 所示,再修改首层,如图 1.2.4 所示,首层修改完后,单击“复制到其他楼层”将首层混凝土标号的修改复制到第 2 层及屋面层。

标号设置 [当前设置楼层: 基础层 , -1.500 ~ 0.000]

	构件类型	砼标号	砼类别	砂浆标号
1	基础	C30	混凝土20石	M7.5
2	垫层	C15	混凝土20石	M7.5
3	基础梁	C30	混凝土20石	
4	砼墙	C30	混凝土20石	
5	砌块墙			M7.5
6	砖墙			M7.5
7	石墙			M7.5
8	梁	C30	混凝土20石	
9	圈梁	C20	混凝土20石	
10	柱	C30	混凝土20石	M7.5
11	构造柱	C20	混凝土20石	
12	现浇板	C30	混凝土20石	
13	预制板	C30	混凝土20石	
14	楼梯	C25	混凝土20石	
15	其他	C25	混凝土20石	M7.5

图 1.2.3

	构件类型	砼标号	砼类别	砂浆标号
1	基础	C30	混凝土20石	M7.5
2	垫层	C15	混凝土20石	M7.5
3	基础梁	C30	混凝土20石	
4	砼墙	C30	混凝土20石	
5	砌块墙			M7.5
6	砖墙			M7.5
7	石墙			M7.5
8	梁	C25	混凝土20石	
9	圈梁	C25	混凝土20石	
10	柱	C25	混凝土20石	M7.5
11	构造柱	C25	混凝土20石	
12	现浇板	C25	混凝土20石	
13	预制板	C25	混凝土20石	
14	楼梯	C25	混凝土20石	
15	其他	C25	混凝土20石	M7.5

图 1.2.4

1.3　其他设置

(1) 外部清单,当要求用外部清单时,单击“导入 Excel 清单表”进行外部清单的导入,或单击“添加清单项”进行外部清单的添加,如图 1.3.1 所示。

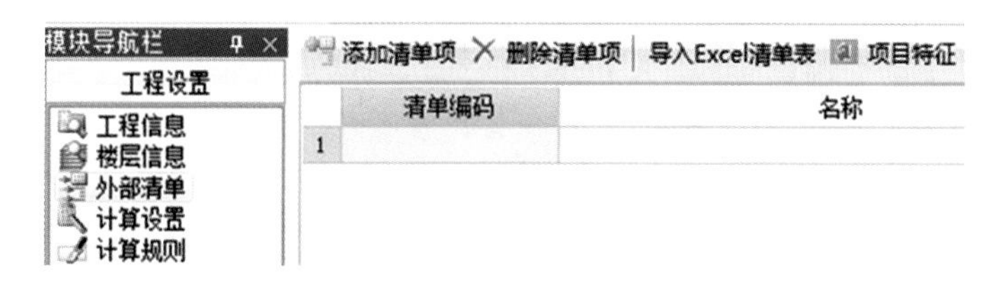

图 1.3.1

(2) 计算设置,单击构件名称进行构件的计算修改,该部分一般情况不修改,如图 1.3.2 所示。

土方 | 基础 | 柱 | 梁 | 墙 | 板 | 其他 | 墙面装修 | 墙裙装修 | 天棚装修

	设置描述	设置选项
1	基槽土方工作面计算方法:	1 加工作面
2	大开挖土方工作面计算方法:	1 加工作面
3	基坑土方工作面计算方法:	1 加工作面
4	基槽土方放坡计算方法:	1 计算放坡系数
5	大开挖土方放坡计算方法:	1 计算放坡系数
6	基坑土方放坡计算方法:	1 计算放坡系数

图 1.3.2

（3）计算规则，单击构件名称进行构件的计算规则的修改，该部分一般情况不修改，如图 1.3.3 所示。

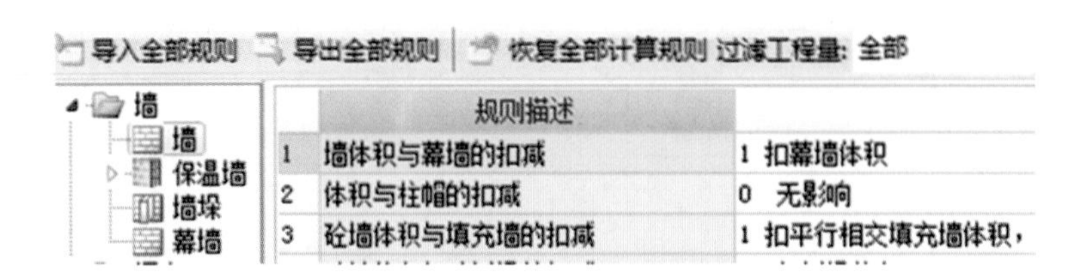

图 1.3.3

1.4 新建轴网

（1）单击“绘图输入”进入画图界面，左边为模块导航栏，如图 1.4.1 所示。

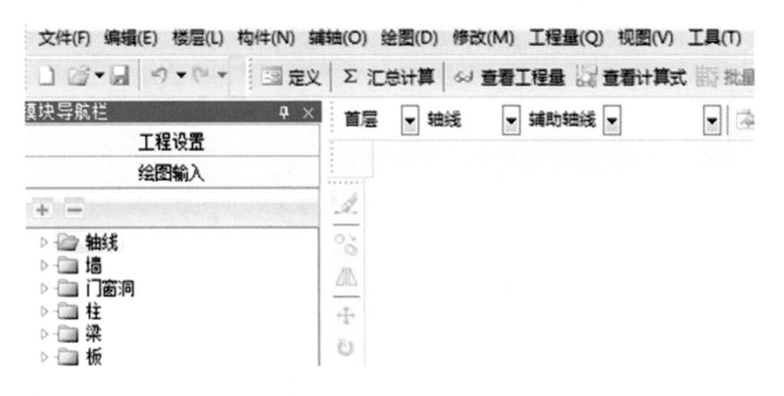

图 1.4.1

（2）双击“模块导航栏”中的“轴网”（或单击“轴网”，再单击定义）进入轴网定义界面，单击构件列表中的“新建”，如图 1.4.2 所示。

（3）单击“新建正交轴网”项进入新建轴网界面，然后选择“开间”或“进深”并按图纸进行轴距设置，双击常用值中的数据或直接在轴距中输入数字，如图 1.4.3 所示。

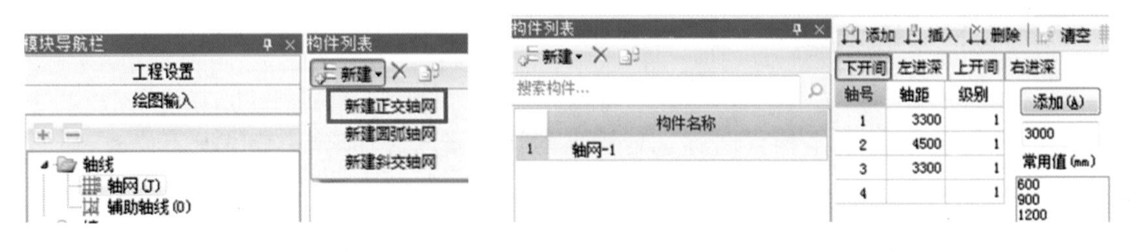

图 1.4.2　　　　图 1.4.3

（4）双击“模块导航栏”中的轴网（或单击绘图）进入轴网绘制界面，这时会提示“请输入角度”，如图 1.4.4 所示。

（5）如果轴网需要旋转，输入需要旋转的角度，如果没有，则单击“确定”按钮进行绘制轴网，如图 1.4.5 所示。

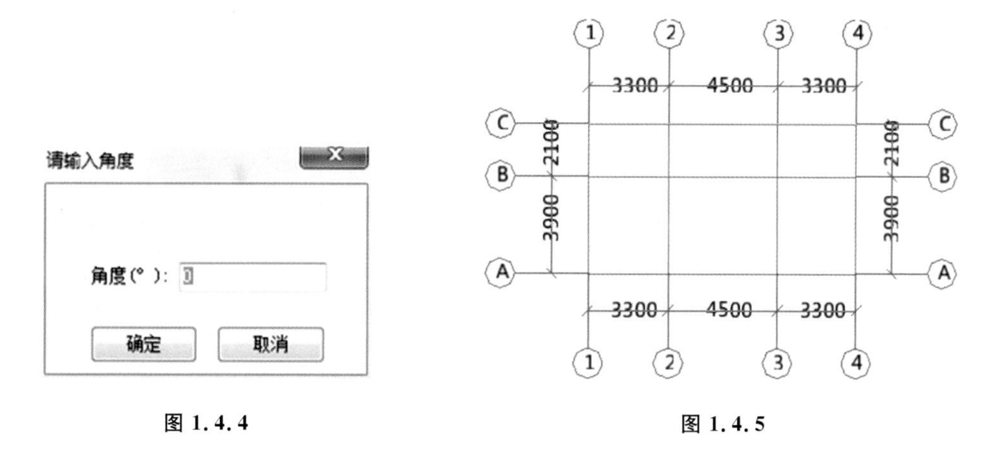

图 1.4.4　　　　图 1.4.5

1.5　柱的定义及绘制

(1) 新建柱，双击“模块导航栏”中的“柱”(或单击“柱”，再单击定义)进入柱定义界面，单击构件列表中的“新建”，如图 1.5.1 所示。

(2) 根据图纸，单击“新建矩形柱”，在“属性编辑框”中填写 Z1 的信息，如图 1.5.2 所示。

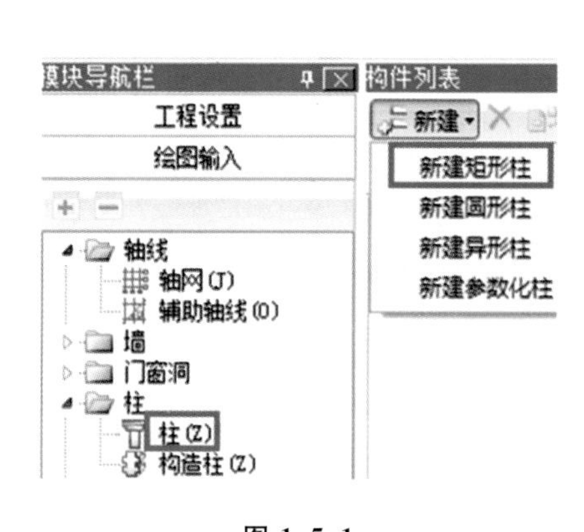

图 1.5.1

图 1.5.2

(3) 根据图纸，单击定义界面的“查询匹配清单”，双击选择柱子的实体项目清单和措施项目清单，单击“查询匹配定额”，双击选择柱子的实体项目定额和措施项目定额，如图 1.5.3 所示，并单击实体项目清单，选择“项目特征”，在下方填写项目特征，如图 1.5.4 所示。

示意图　查询匹配清单　查询匹配定额　查询清单库　查询匹配外部清单　查询措施　查询定额库

	特征	特征值	输出
1	混凝土种类	普通商品混凝土 碎石粒径20石	☑
2	混凝土强度等级	C25	☑

图 1.5.3

添加清单 添加定额 × 删除 项目特征 查询 换算 选择代码 编辑计算

	编码	类别	项目名称	项目特征	单位	工程量	表达式说明	措施	专业
1	010502001	项	矩形柱		m³	TJ	TJ<体积>	☐	建筑工程
2	A4-5	定	矩形、多边形、异形、圆形柱		m³	TJ	TJ<体积>	☐	土
3	011702002	项	矩形柱		m²	MBMJ	MBMJ<模板面积>	☑	建筑工程
4	A21-16	定	矩形柱模板(周长m) 支模高度3.6m内 1.8外		m²	MBMJ	MBMJ<模板面积>	☑	土
5	A21-19	定	柱支模高度超过3.6m内每增加1m内		m²	CGMBMJ	CGMBMJ<超高模板面积>	☑	土

图 1.5.4

【注意】 选择清单后，如果要选择实体项目定额，先单击实体项目清单，措施项目定额操作方法相同。

(4) 新建 Z2 和 Z3，数据如表 1.1.1 所示。

表 1.1.1　新建构件的型号、尺寸　(单位:mm)

序　号	构件名称	混凝土标号	截面尺寸
1	Z2	C25	400×500
2	Z3	C25	400×400

(5) 双击“模块导航栏”中的“柱”(或单击“柱”，再单击绘图)进入柱绘图界面，在下拉菜单中选择“KZ-1”，如图 1.5.5 所示，用“点”的方法，根据图纸位置绘制 KZ1，如图 1.5.6 所示，用同样的方法绘制其他柱，如图 1.5.7 所示。

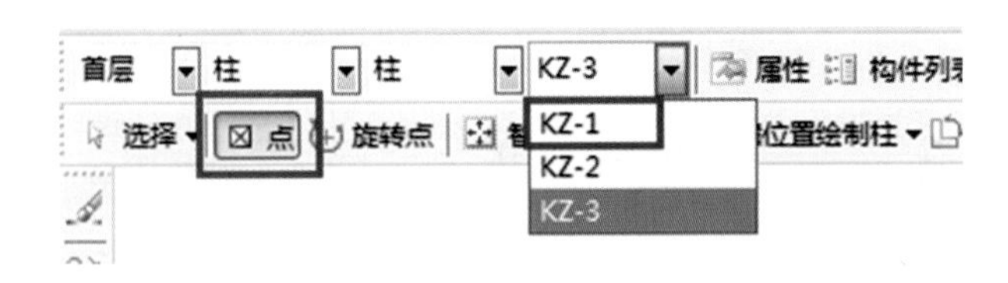

图 1.5.5

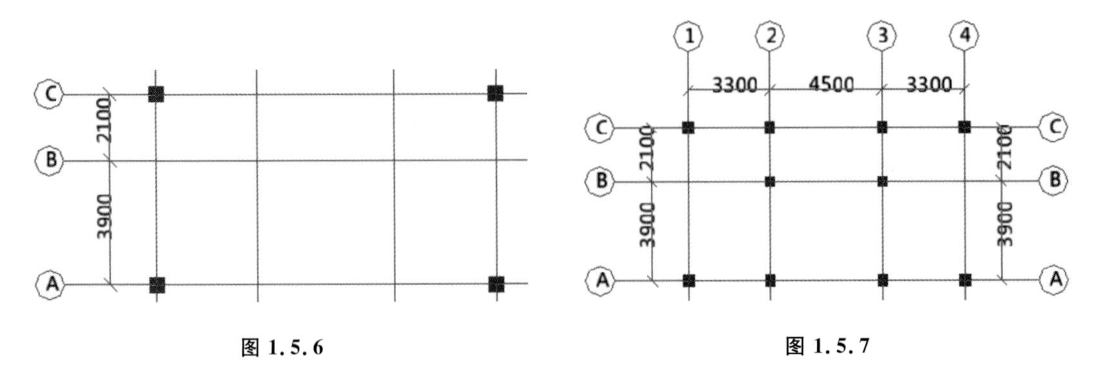

图 1.5.6　图 1.5.7

【拓展】 在绘制柱时，除了可以“点”方法绘制柱，还有“旋转点”“智能布置”“按墙位置绘制柱”等多种方法，请尝试用其他方法绘制柱。

1.6　查看工程量

(1) 按快捷键 F9 汇总计算,然后单击"报表预览"中的"清单定额汇总表"查看实体项目工程量。

参考答案

序号	项 目 编 码	项 目 名 称	计量单位	工程量
1	010502001001	矩形柱 1. 混凝土种类:普通商品混凝土、碎石粒径 20 石 2. 混凝土强度等级:C25	m^3	7.632
	A4-5	矩形、多边形、异形、圆柱形	10 m^3	0.7632

(2) 单击"措施项目"项,如图 1.6.1 所示,查看措施项目工程量。

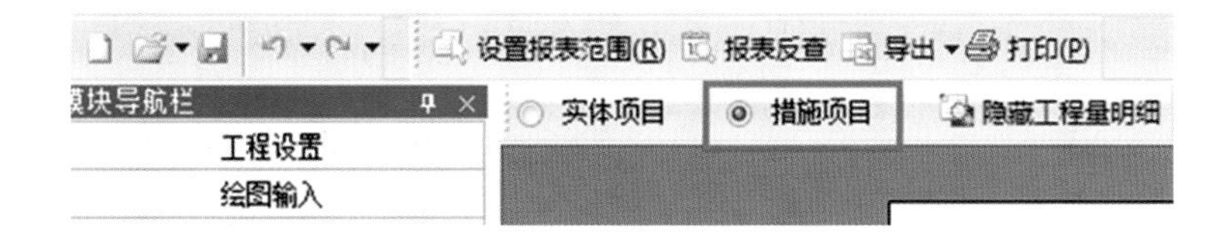

图 1.6.1

参考答案

序号	项 目 编 码	项 目 名 称	计量单位	工程量
1	011702002001	矩形柱	m^2	61.558
	A21-16	矩形柱模板(周长 m)支模高度 3.6 内 1.8 外	100 m^2	0.2859
	A21-15	矩形柱模板(周长 m)支模高度 3.6 内 1.8 内	100 m^2	0.3673

任务2　首层梁、板的绘制

<table>
<tr><td colspan="2">能力训练任务或案例
通过学习和实操，完成项目(培训楼工程)任务：
1. 定义并绘制出梁构件、板构件；
2. 各构件的清单列项及定额套用，编写主要项目特征，并汇总计算出工程量。</td></tr>
<tr><td>能力(技能)目标
1. 正确定义并绘制梁构件；
2. 正确定义并绘制板构件；
3. 根据图纸构件做法正确套用清单及定额；
4. 汇总计算出梁构件、板构件的工程量。</td><td>知识目标
1. 掌握矩形梁、参数化梁、异形梁的定义及其绘制方法，特别是弧形梁的绘制操作；
2. 掌握板的定义及用多种方法绘制板的操作；
3. 掌握实体项目、措施项目的清单列项及定额做法，编写主要项目特征的操作；
4. 掌握楼层校核及汇总计算工程量的操作。</td></tr>
</table>

2.1　梁的定义及绘制

(1) 新建梁，双击“模块导航栏”中的“梁”(或单击“梁”，再单击定义)进入梁定义界面，单击构件列表中的“新建”项，如图 2.1.1 所示。

(2) 根据图纸，单击“新建矩形梁”，在下方的“属性编辑框”中，填写 KL1 的信息，修改梁截面尺寸，如图 2.1.2 所示。

图 2.1.1

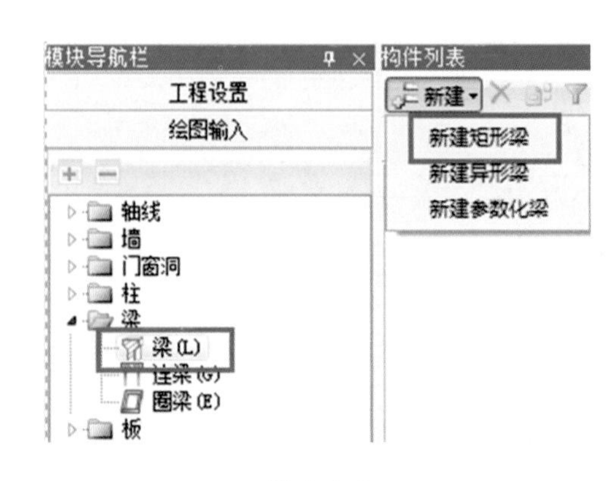

图 2.1.2

(3) 根据图纸，单击定义界面右边的“当前构件自动套用做法”，如图 2.1.3 所示，软件会自动选择梁的实体项目清单、定额和措施项目清单、定额，部分内容不正确需要进行修改，鼠标单击选择梁模板清单，鼠标右键选择“删除”将多选的定额删掉，如图 2.1.4 所示。然后在下方“匹配清单”和“匹配定额”中找到正确的清单和定额，鼠标双击选上，如图 2.1.5 所示，最后填写项目特征，鼠标单击选择实体项目清单，再单击“项目特征”，在下方输入栏中输入项目特征内容，如图 2.1.6 所示。措施项目清单项目特征类似操作，如图 2.1.7 所示。

选择代码　编辑计算式　做法刷　做法查询　选配　提取做法

项目特征　单位　工程量表达式　当前构件自动套用做法　五金手册

图 2.1.3

	编码	类别	项目名称	项目特征	单位	工程量	表达式说明	措施项	专业
1	010505001	项	有梁板		m³	TJ	TJ<体积>	☐	建筑工程
2	A4-14	定	平板、有梁板、无梁板		m³	TJ	TJ<体积>	☐	土
3	8021121	定	普通预拌混凝土 C25 粒径为20mm石子		m³	TJ*1.01	TJ<体积>*1.01	☐	土
4	0117[illegible]	项	[illegible]		m²	MBMJ	MBMJ<模板面积>	☑	建筑工程
5	A21[illegible]				m²	MBMJ	MBMJ<模板面积>	☑	土
6	A21[illegible]				m²	CGMBMJ	CGMBMJ<超高模板面积>	☑	土

添加清单　Ctrl+Ins
添加定额　Ins
删除　Del

图 2.1.4

	编码	类别	项目名称	项目特征	单位	工程量	表达式说明	措施项	专业
1	010505001	项	有梁板		m³	TJ	TJ<体积>	☐	建筑工程
2	A4-14	定	平板、有梁板、无梁板		m³	TJ	TJ<体积>	☐	土
3	8021121	定	普通预拌混凝土 C25 粒径为20mm石子		m³	TJ*1.01	TJ<体积>*1.01	☐	土
4	010503002	项	矩形梁		m³	TJ	TJ<体积>	☐	建筑工程
5	A21-26	定	单梁、连续梁模板(梁宽cm)25以外 支模高度3.6m		m²	MBMJ	MBMJ<模板面积>	☐	土

图 2.1.5

查询匹配清单　查询匹配定额　查询清单库　查询匹配外部清单　查询措施　查询定额库　项目特征

	特征	特征值	输出
1	混凝土种类	普通商品混凝土 碎石粒径20石	☑
2	混凝土强度等级	C25	☑

图 2.1.6

查询匹配清单　查询匹配定额　查询清单库　查询匹配外部清单　查询措施　查询定额库　项目特征

	特征	特征值	输出
1	支撑高度	3.6m	☑

图 2.1.7

【注意】 填写项目特征时，要确认输出是否打钩。

（4）新建 KL2、KL3、KL4 和 KL5，数据如表 2.1.1 所示，操作步骤参考 KL1。

表 2.1.1 新建构件数据

序　号	构件名称	混凝土标号	截面尺寸	起点顶标高	终点顶标高
1	KL2	C25	370×500	层顶标高	层顶标高
2	KL3	C25	370×500	层顶标高	层顶标高
3	KL4	C25	240×500	层顶标高	层顶标高
4	KL5	C25	240×500	层顶标高	层顶标高

（5）双击“模块导航栏”中的“梁”（或单击“梁”，再单击绘图）进入梁绘图界面，在下拉菜单中选择“KL1”，如图 2.1.8 所示，选用“直线”方法绘制 KL1，根据图纸位置选择 C 轴和 1 轴相交点作为第一个捕捉点，C 轴和 4 轴的相交点作为第二捕捉点，并单击右键确定，如图 2.1.9 所示。

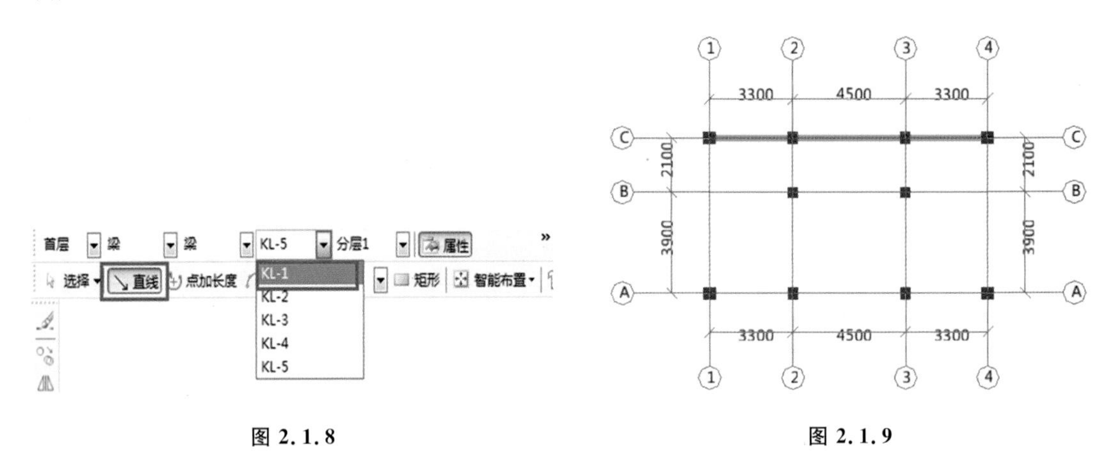

图 2.1.8　　图 2.1.9

（6）单击工具栏中的“对齐”，选择“单对齐”，如图 2.1.10 所示，将梁外边线与柱外边线对齐，如图 2.1.11 所示。

【注意】 对齐时，要先选择柱外边线，再选择与之对齐的梁边线。

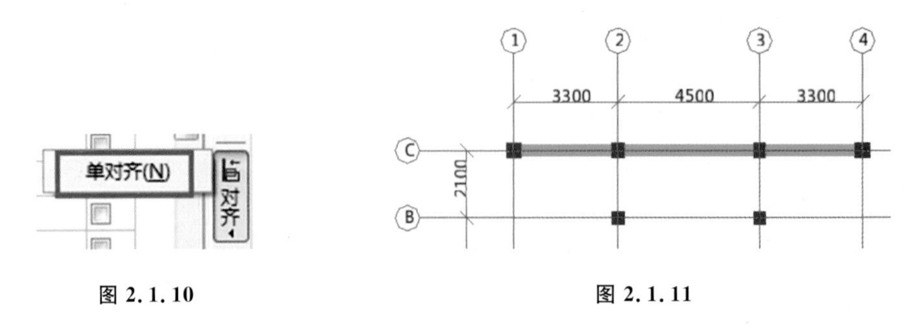

图 2.1.10　　图 2.1.11

（7）根据图纸位置分别绘制 KL2、KL3、KL4 和 KL5，其中 KL2 和 KL3 绘制方法参考 KL1、KL4 和 KL5，以轴线为中心线，不需要对齐，如图 2.1.12 所示。

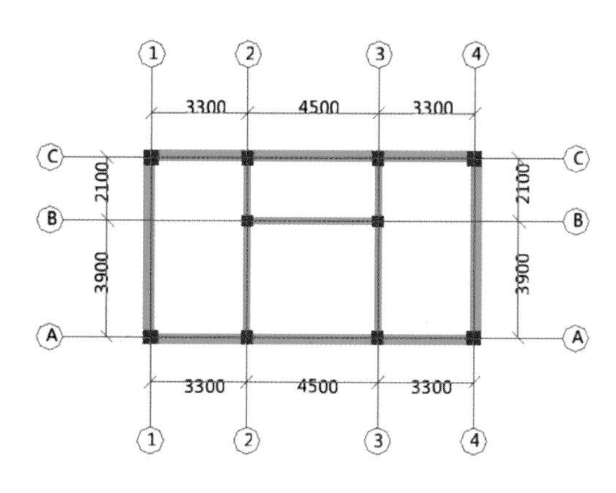

图 2.1.12

【拓展】 在绘制梁时，“直线”方法还可以通过输入“轴线距梁左边线距离”和利用 F4 改变插入点绘制。另外，除了可以“直线”方法绘制梁，还有“点加长度”“三点画弧”“矩形”“智能布置”等多种方法，请尝试用其他方法绘制梁。

2.2　板的定义及绘制

(1) 新建现浇板，双击“模块导航栏”中的“板”(或单击“板”，再单击定义)进入板定义界面，单击构件列表中的“新建”，根据图纸，单击“新建现浇板”，如图 2.2.1 所示，在下方的“属性编辑框”中，填写 XB1 的信息，如图 2.2.2 所示。

图 2.2.1

图 2.2.2

(2) 根据图纸，单击定义界面右边的“当前构件自动套用做法”，软件自动选择板的实体项目清单、定额和措施项目清单、定额，然后进行修改，鼠标单击选择第 6 行，鼠标右键选择“删除”将多选的定额删掉，如图 2.2.3 所示。最后填写项目特征，鼠标单击选择实体项目清单，再单击“项目特征”，在下方输入栏中输入项目特征内容，如图 2.2.4 所示。措施项目清单项目特征类似操作，图 2.2.5 所示。

(3) 双击“模块导航栏”中的“板”(或单击“板”，再单击绘图)进入板绘图界面，单击“点”，根据图纸位置在梁的封闭区域中单击鼠标左键绘制 XB1，如图 2.2.6 所示。

	编码	类别	项目名称	项目特征	单位	工程量	表达式说明	措施项	专业
1	010505001	项	有梁板		m^3	TJ	TJ<体积>	☐	建筑工程
2	A4-14	定	平板、有梁板、无梁板		m^3	TJ	TJ<体积>	☐	土
3	8021121	定	普通预拌混凝土 C25 粒径为20mm石子		m^3	TJ*1.01	TJ<体积>*1.01	☐	土
4	011702014	项	有梁板		m^2	MBMJ+CMBMJ	MBMJ<底面模板面积>+CMBMJ<侧面模板面积>	☑	建筑工程
5	A21-49	定	有梁板模板 支模高度3.6m		m^2	MBMJ+CMBMJ	MBMJ<底面模板面积>+CMBMJ<侧面模板面积>	☑	土
6			板模板 支模高 …m每		m^2	CGMBMJ+CGCMMBMJ	CGMBMJ<超高模板面积>+CGCMMBMJ<超高侧面模板面积>	☑	土

添加清单 Ctrl+Ins
添加定额 Ins
删除 Del

图 2.2.3

查询匹配清单 查询匹配定额 查询清单库 查询匹配外部清单 查询措施 查询定额库 项目特征

	特征	特征值	输出
1	混凝土种类	普通商品混凝土 碎石粒径20石	☑
2	混凝土强度等级	C25	☑

图 2.2.4

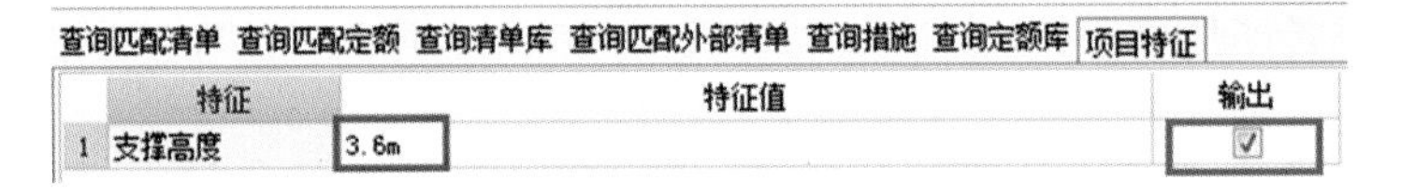

查询匹配清单 查询匹配定额 查询清单库 查询匹配外部清单 查询措施 查询定额库 项目特征

	特征	特征值	输出
1	支撑高度	3.6m	☑

图 2.2.5

图 2.2.6

(4) 根据图纸，在楼梯间左边有部分楼板，用“矩形”方法绘制，单击“矩形”后，按住Shift键，同时单击B轴与2轴相交点，弹出“输入偏移量”，输入正确的偏移值，如图2.2.7所示，然后捕捉C轴与2轴相交点，如图2.2.8所示。

图 2.2.7

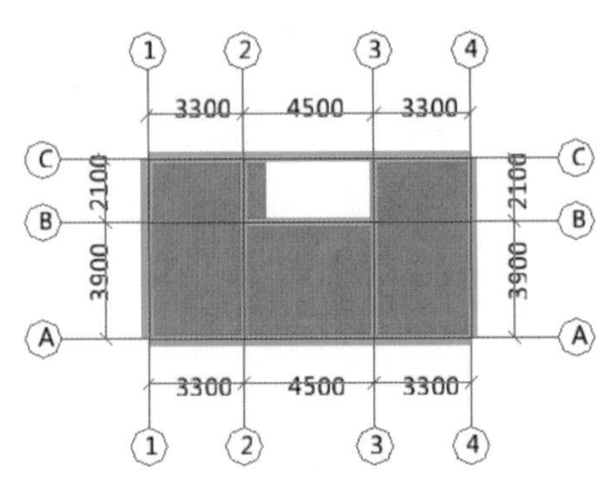

图 2.2.8

2.3　查看工程量

（1）快捷键 F9 汇总计算，然后单击“报表预览”中的“清单定额汇总表”查看实体项目工程量。

参考答案

序号	项目编码	项目名称	计量单位	工程量
1	010505001001	有梁板 1. 混凝土种类：商品混凝土 2. 混凝土强度等级：C25	m^3	12.5896
	A4-14	平板、有梁板、无梁板	10 m^3	1.2567
	8021121	普通预拌混凝土 C25 粒径为 20 mm 石	m^3	12.6929

（2）单击“措施项目”，如图 2.3.1 所示，查看措施项目工程量。

图 2.3.1

参考答案

序号	项目编码	项目名称	计量单位	工程量
1	011702006001	矩形梁	m^2	54.3107
	A21-26	单梁、连续梁模板（梁宽 cm）25 以上，支模高度 3.6 m	100 m^2	0.3921
	A21-25	单梁、连续梁模板（梁宽 cm）25 以下，支模高度 3.6 m	100 m^2	0.1529
2	011702014001	有梁板	m^2	51.9026
	A21-49	有梁板模板，支模高度 3.6 m	100 m^2	0.519

任务3　墙、门窗、过梁的绘制

<table>
<tr><td colspan="2">能力训练任务或案例
通过学习和实操，完成项目(培训楼工程)任务：
1. 定义、绘制标准砖墙、门窗、过梁；
2. 完成标准砖墙、门窗、过梁的清单列项，并汇总计算出工程量。</td></tr>
<tr><td>能力(技能)目标
1. 正确定义并绘制标准砖墙；
2. 正确定义并绘制门窗、过梁构造柱；
3. 正确套用以上所绘制构件的清单做法，并汇总计算出工程量。</td><td>知识目标
1. 掌握直形墙的画法及智能布置墙体；
2. 掌握门窗与墙体的依附关系；
3. 掌握过梁的画法及过梁长度的属性编辑。</td></tr>
</table>

3.1　墙的定义及绘制

(1) 新建墙，双击“模块导航栏”中的“墙”(或单击“墙”，再单击定义)进入墙定义界面，单击“构件列表”中的“新建”项，如图 3.1.1 所示。

(2) 单击“新建外墙”，根据图纸，在下方的“属性编辑框”中，填写外墙的信息，如图 3.1.2 所示。

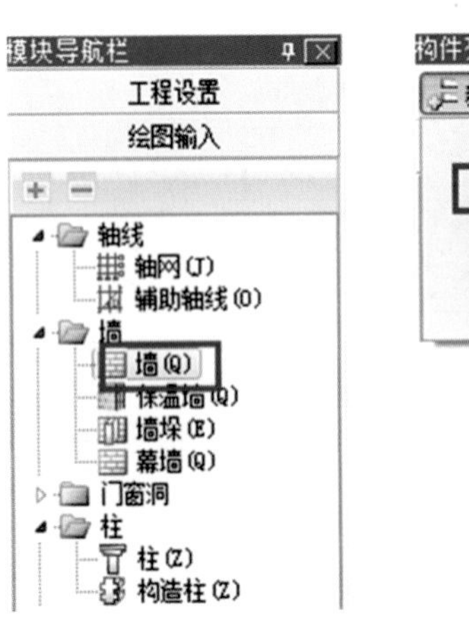

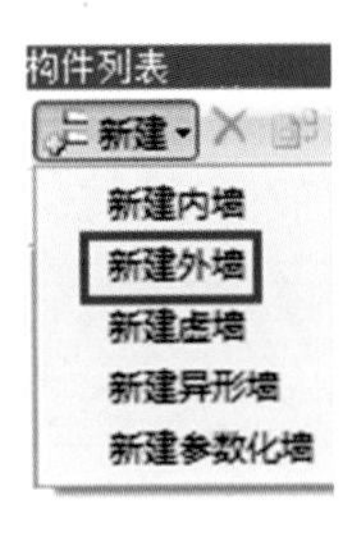

图 3.1.1

图 3.1.2

(3) 根据图纸，单击界面右边“查询匹配清单”选择墙的实体项目清单，单击“查询匹配定额”选择墙的实体项目定额，如图 3.1.3 所示。

(4) 选择实体项目清单后，再单击“项目特征”，在下方的项目特征栏中填写项目特征，如图 3.1.4 所示。

	编码	类别	项目名称	项目特征	单位	工程量	表达式说明	措施项	专业
1	− 010401003	项	实心砖墙		m³	TJ	TJ<体积>	☐	建筑工程
2	A3-8	定	混水砖外墙 墙体厚度 1砖半		m³	TJ	TJ<体积>	☐	土

图 3.1.3

查询匹配清单 查询匹配定额 查询清单库 查询匹配外部清单 查询措施 查询定额库 项目特征

	特征	特征值	输出
1	砖品种、规格、强度等级	标准砖 240*115*53 MU10	☑
2	墙体类型	外墙	☑
3	砂浆强度等级、配合比	M5水泥石灰砂浆	☑

图 3.1.4

(5) 新建内墙,数据如表 3.1.1 所示。

表 3.1.1 新建内墙相关数据

序 号	构 件 名 称	砖品种、规格、强度等级	砂浆强度等级	墙体类型、厚度
1	内墙	Mu10 标准砖,240 mm×115 mm×53 mm	M5.0 混合砂浆	内墙 240 mm

(6) 双击"模块导航栏"中的"墙"(或单击"墙",再单击绘图)进入墙绘图界面,在下拉菜单中选择"Q-1[外墙]",如图 3.1.5 所示,然后单击"矩形",根据图纸位置,第一点捕捉 1 轴和 C 轴相交点,第二点捕捉 4 轴和 A 轴相交点,绘制外墙,如图 3.1.6 所示。

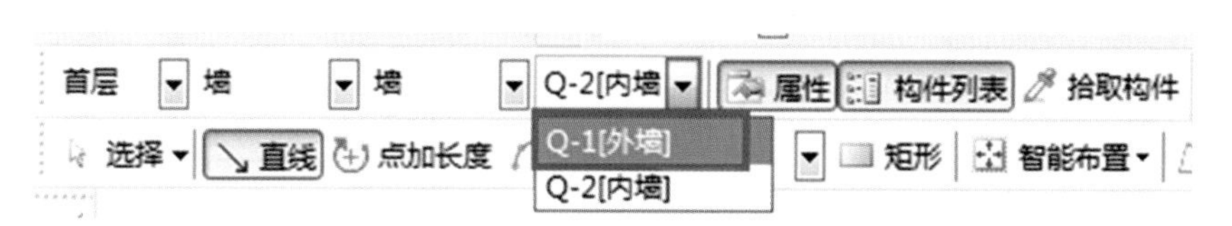

图 3.1.5

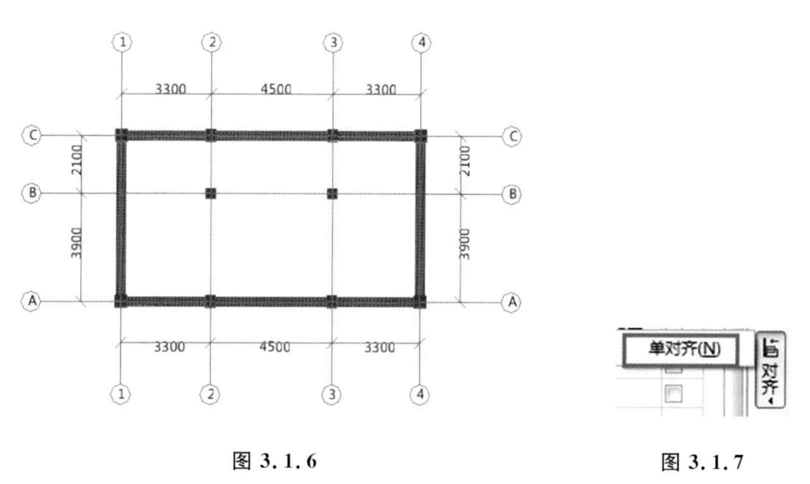

图 3.1.6

单对齐(N)
对齐

图 3.1.7

(7) 单击工具栏中的"对齐",选择"单对齐",如图 3.1.7 所示,将墙外边线与柱外边线对齐,如图 3.1.8 所示。

【注意】 对齐时,要先选择柱外边线,再选择墙外边线。

(8) 绘制内墙,内墙中心线与轴线重叠,不需要对齐,用“直线”方法绘制,先在下拉菜单中选择“Q-2[内墙]”,单击“直线”,捕捉墙的起点和终点,单击鼠标右键,确定,如图 3.1.9 所示。

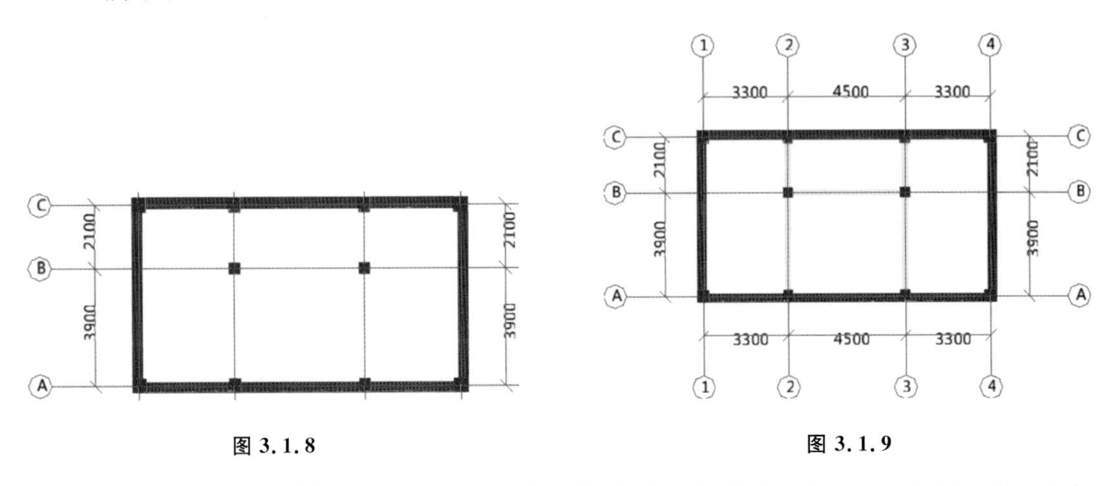

图 3.1.8 图 3.1.9

【拓展】 在绘制墙体时,除了可以用“矩形”方法绘制外墙,再对齐,还可以通过输入“轴线距梁左边线距离”方法绘制,或通过 F4 改变插入点用“直线”绘制。还有“点加长度”“三点画弧”等多种方法,请尝试用其他方法绘制墙。

3.2 门窗的定义及绘制

(1) 新建门,双击“模块导航栏”中的“门”(或单击“门”,再单击定义)进入门定义界面,单击构件列表中的“新建”项,如图 3.2.1 所示。

(2) 根据图纸,单击“新建矩形门”,在“属性编辑框”中,填写 M-1 的信息,如图 3.2.2 所示。

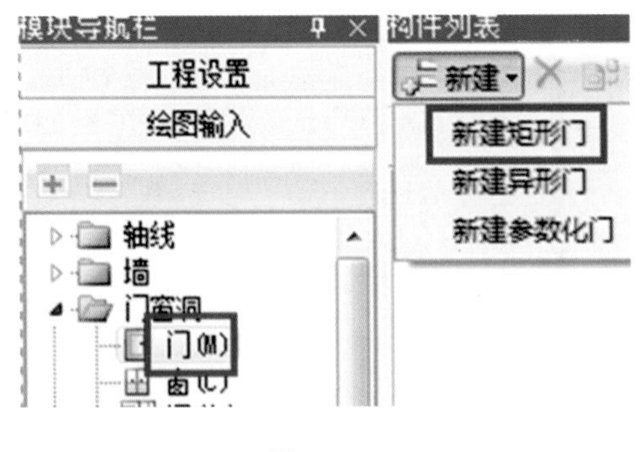

图 3.2.1

属性编辑框

属性名称	属性值	附加
名称	M-1	
洞口宽度(	2400	
洞口高度(	2700	
框厚(mm)	60	
立樘距离(	0	
洞口面积(m	6.48	
离地高度(	0	

图 3.2.2

(3) 根据图纸,单击定义界面右边的“查询匹配清单”选择门的实体项目清单,单击“查询定额库”,通过条件查询选择门的定额,如图 3.2.3 所示,并将清单单位修改为

“m^2”,如图 3.2.4 所示,填写项目特征,如图 3.2.5 所示。

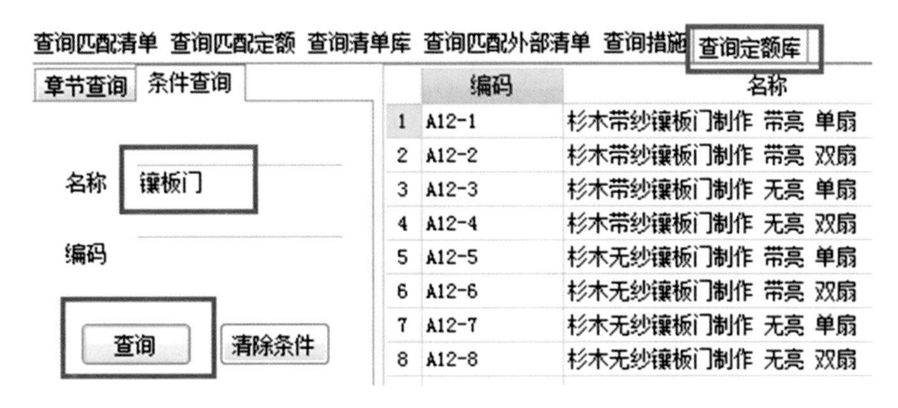

图 3.2.3

	编码	类别	项目名称	项目特	单位	工程量	表达式说明	措施项	专业
1	010801001	项	木质门		樘	DKMJ	DKMJ<洞口面积>	☐	建筑工程
2	A12-8	定	杉木无纱镶板门制作 无亮 双扇		m^2	KWWMJ	KWWMJ<框外围面积>	☐	饰
3	A12-52	定	无纱镶板门、胶合板门安装 无亮 双扇		m^2	KWWMJ	KWWMJ<框外围面积>	☐	饰

图 3.2.4

	特征	特征值	输出
1	门代号及洞口尺寸	M-1 2400*2700	☑
2	镶嵌玻璃品种、厚度		☐

图 3.2.5

(4) 新建 M-2、M-3,数据如表 3.2.1 所示。

表 3.2.1　构件材质及相关尺寸

序　　号	构 件 名 称	门　材　质	门 洞 尺 寸
1	M-2	胶合板门	9000×2400
2	M-3	胶合板门	900×2100

(5) 双击“模块导航栏”中的“门”(或单击“门”,再单击绘图)进入门绘图界面,在下拉菜单中选择“M-1”,如图 3.2.6 所示,单击“点”,按图纸位置在 2-3 轴交 A 轴居中位置插入 M-1,如图 3.2.7 所示。

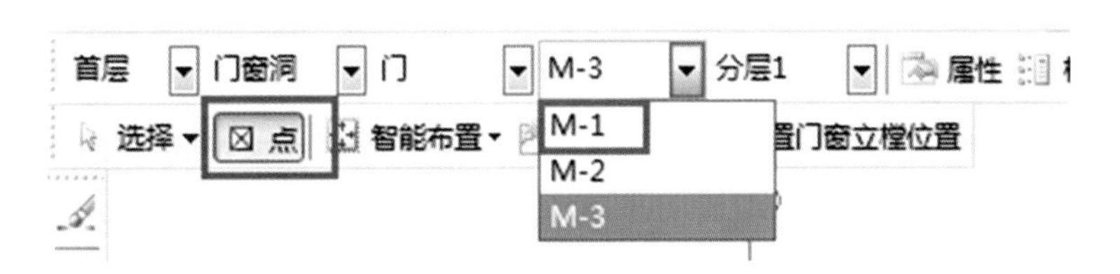

图 3.2.6

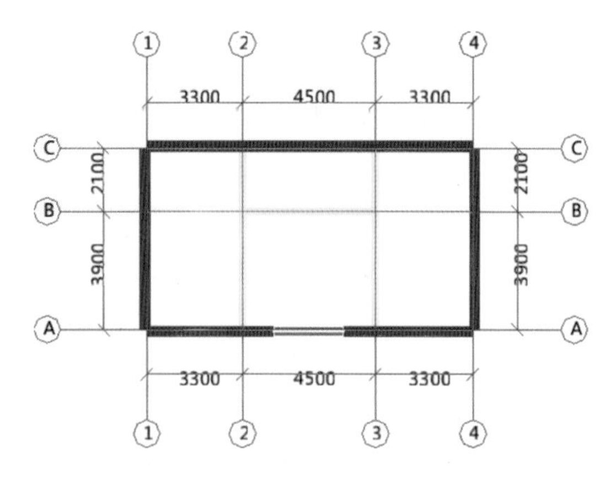

图 3.2.7

（6）绘制 M-2，先显示柱，在下拉菜单中选择“M-2”，把鼠标移动到所要绘制的位置，按键盘上的 Tab 键将上方距离输入框切换成下方距离输入框，然后输入“250”，按 Enter 键确定，如图 3.2.8 所示，按图纸位置分别插入其他门，如图 3.2.9 所示。

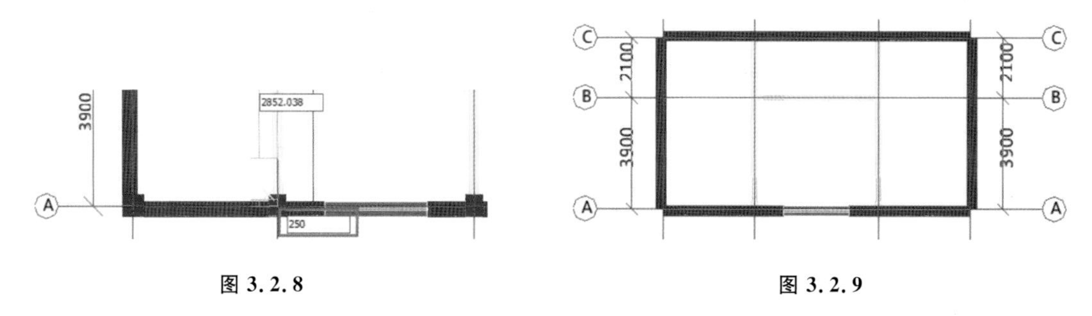

图 3.2.8

图 3.2.9

【注意】 隐藏或显示构件，只需在“绘图输入”栏中找到此构件，括号里面的是字母代表，如“柱 Z”，在输入法为英文的情况下，在键盘上单击“Z”，就会将柱隐藏或显示。

（7）新建窗，双击“模块导航栏”中的“窗”（或单击“窗”，再单击定义）进入窗定义界面，单击构件列表中的“新建”，如图 3.2.10 所示。

（8）根据图纸，单击“新建矩形窗”，在下方的“属性编辑框”中，填写 C-1 的信息，如图 3.2.11 所示。

图 3.2.10

图 3.2.11

(9) 根据图纸，单击定义界面右边的“查询匹配清单”选择窗的实体项目清单。单击“查询定额库”，通过条件查询选择窗的定额如图 3.2.12 所示，将清单单位修改为“m^2”，如图 3.2.13 所示，并选择“工程量表达式”，在“工程量表达式”栏中，单击左键，然后单击出现的“…”，在弹出的“选择工程量代码”窗口中选择“框外围面积”，如图 3.2.14 所示，填写项目特征，如图 3.2.15 所示。

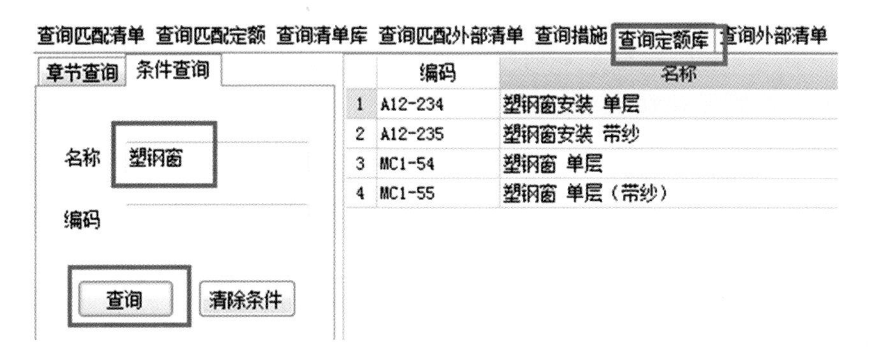

图 3.2.12

	编码	类别	项目名称	项目特	单位	工程量	表达式说明	措施项	专业
1	− 010807001	项	金属(塑钢、断桥)窗		m^2	DKMJ	DKMJ<洞口面积>	☐	建筑工程
2	A12-234	定	塑钢窗安装 单层		m^2	KWWMJ	KWWMJ<框外围面积>	☐	饰
3	MC1-54	定	塑钢窗 单层		m^2	…		☐	饰

图 3.2.13

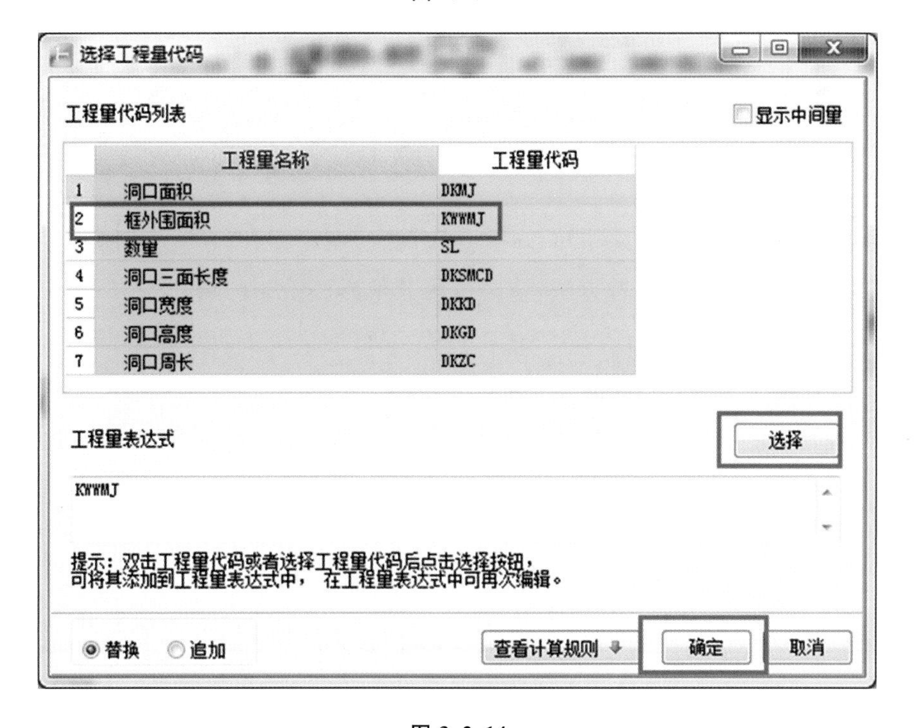

图 3.2.14

	特征	特征值	输出
1	窗代号及洞口尺寸	C-1 1500*1800	☑
2	框、扇材质	塑钢	☑
3	玻璃品种、厚度		☐

图 3.2.15

(10) 新建 C-2,数据如表 3.2.2 所示。

表 3.2.2　新建 C-2 数据

序　　号	构 件 名 称	窗　材　质	门 洞 尺 寸
1	C-2	塑钢窗	1800×1800

(11) 双击“模块导航栏”中的“窗”(或单击“窗”,再单击绘图)进入窗绘图界面,在下拉菜单中选择“C-1”,把鼠标移动到窗所要绘制的位置,在左边输入框中输入“900”,按键盘上的 Enter 键确定,如图 3.2.16 所示,根据图纸位置分别插入其他窗,如图 3.2.17 所示。

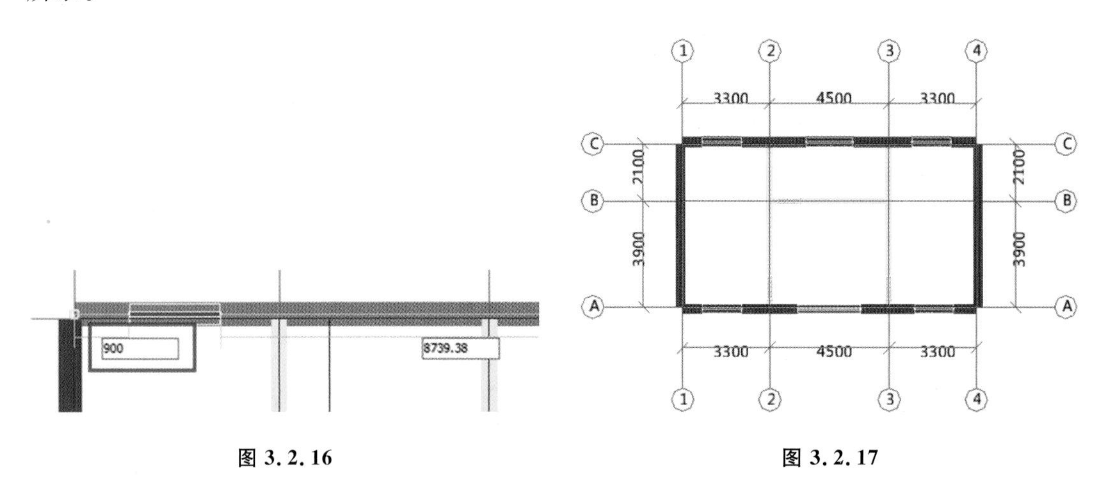

图 3.2.16　　　图 3.2.17

【拓展】 在绘制门窗时,除了可以用“点”方法绘制门窗外,还有“智能布置”“精确布置”“设置门窗立樘位置”等多种方法,请尝试用其他方法绘制门窗。

3.3　过梁的定义及绘制

(1) 新建过梁,双击“模块导航栏”中的“过梁”(或单击“过梁”,再单击定义)进入过梁定义界面,单击构件列表中的“新建”,如图 3.3.1 所示。

(2) 根据图纸,单击“新建矩形过梁”,在下方的“属性编辑框”中,填写 GL-24(M-1 上过梁)的信息,如图 3.3.2 所示。

【注意】 过梁中的截面宽度不需要填写,在绘制的时候,软件会自动根据墙宽大小设置过梁宽。“属性编辑框”中的长度只显示两边支座长,如果要修改,在下方“起点(终点)深入墙内长度”中进行修改。

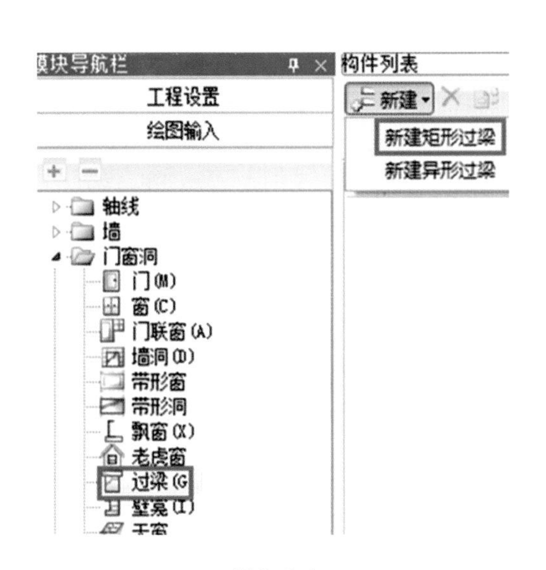

图 3.3.1

图 3.3.2

（3）根据图纸，单击定义界面右边的“查询匹配清单”选择过梁的实体项目清单和措施项目清单，单击“查询匹配定额”选择过梁的实体项目定额，单击“查询定额库”，通过条件查询选择过梁措施项目定额，如图 3.3.3 所示，并选择“工程量表达式”，在“工程量表达式”栏中，单击左键，然后单击出现的“…”，如图 3.3.4 所示，在弹出的“选择工程量代码”中选择“框外围面积”，如图 3.3.5 所示，然后填写项目特征，如图 3.3.6 所示。

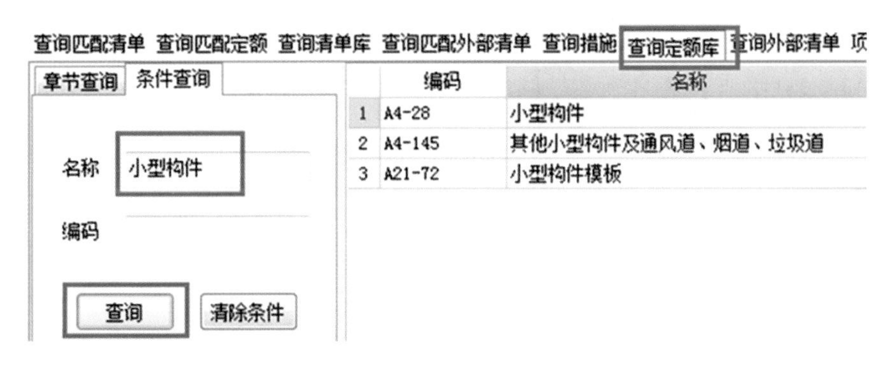

图 3.3.3

	编码	类别	项目名称	项目特	单位	工程量	表达式说明	措施项	专业
1	010503005	项	过梁		m^3	TJ	TJ<体积>	☐	建筑工程
2	A4-10	定	圈、过、拱、弧形梁		m^3	TJ	TJ<体积>	☐	土
3	011702009	项	过梁		m^2	MBMJ	MBMJ<模板面积>	☑	建筑工程
4	A21-72	定	小型构件模板		m^2	…		☑	土

图 3.3.4

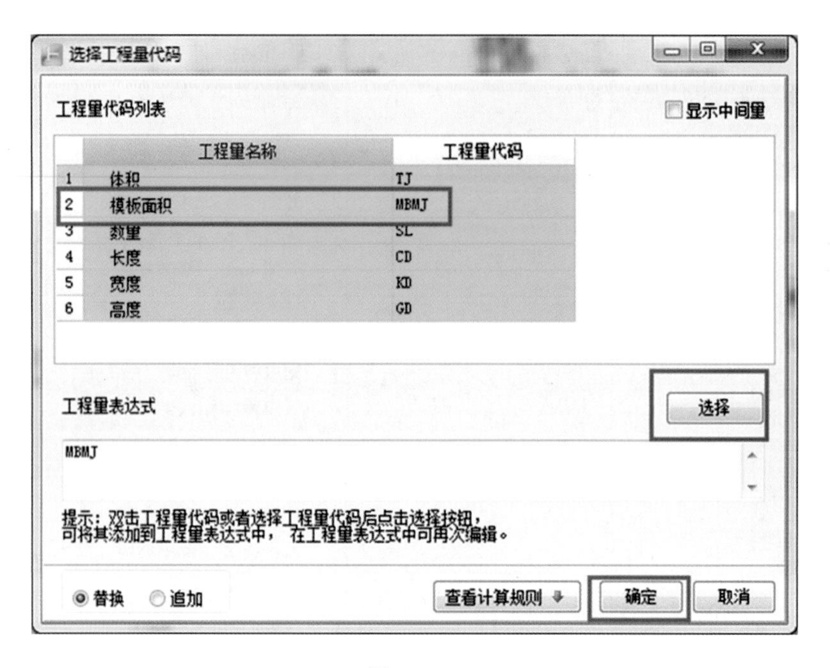

图 3.3.5

查询匹配清单　查询匹配定额　查询清单库　查询匹配外部清单　查询措施　查询定额库　查询外部清单　项目特征

	特征	特征值	输出
1	混凝土种类	普通商品混凝土 碎石粒径20石	☑
2	混凝土强度等级	C25	☑

图 3.3.6

【注意】 选择“工程量表达式”时，弹出框左下角可以选择“替换”或“追加”。如果选择“替换”则将原来的工程量表达式替换掉；如果选择“追加”，则将在原来的工程量表达式的基础上再多加一条。

(4) 新建 GL-18、GL-12，数据如表 3.3.1 所示。

表 3.3.1　新建构件相关数据

序　　号	构 件 名 称	混凝土强度等级	过　梁　高	支 座 长 度
1	GL-18	C25 商品混凝土	180 mm	250 mm
2	GL-12	C25 商品混凝土	120 mm	250 mm

(5) 双击“模块导航栏”中的“过梁”(或单击“过梁”，再单击绘图)进入过梁绘图界面，在下拉菜单中选择“GL-24”，根据图纸位置在 A 轴 M-1 位置点一下，插入 GL-24，如图 3.3.7 所示，并绘制其他过梁，如图 3.3.8 所示。

【拓展】 在绘制过梁时，除了可以用“点”方法绘制过梁外，还有“智能布置”“设置拱过梁”“自动生成过梁”等多种方法，请尝试用其他方法绘制过梁。

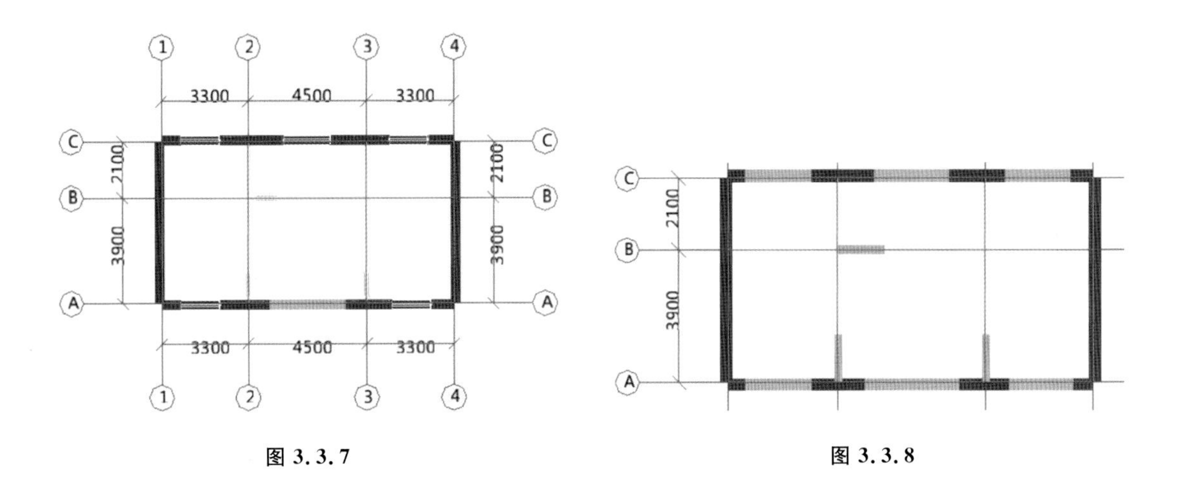

图 3.3.7　　　　图 3.3.8

3.4　查看工程量

(1) 按快捷键 F9 汇总计算，然后单击“报表预览”中的“清单定额汇总表”查看实体项目工程量。

参考答案

序号	项目编码	项目名称	计量单位	工程量
1	010401003001	实心砖墙 1. 砖品种、规格、强度等级：标准砖 240×115×53 MU10 2. 墙体类型：外墙 3. 砂浆强度等级、配合比：M5 水泥石灰砂浆	m^3	26.1884
	A3-8	混水砖外墙，墙体厚度 1 砖半	10 m^3	2.6188
2	010401003002	实心砖墙 1. 砖品种、规格、强度等级：标准砖 240×115×53 MU10 2. 墙体类型：内墙 3. 砂浆强度等级、配合比：M5 水泥石灰砂浆	m^3	9.0023
	A3-15	混水砖内墙，墙体厚度 1 砖	10 m^3	0.9002
3	010503005001	过梁 1. 混凝土种类：商品混凝土 2. 混凝土强度等级：C25	m^3	1.0443
	A4-10	圈、过、拱、弧形梁	10 m^3	0.1044

续表

序号	项 目 编 码	项 目 名 称	计量单位	工程量
4	010801001001	木质门 门代号及洞口尺寸:M12400×2700	m^2	6.48
	A12-4	杉木带纱镶板门制作,无亮,双扇	100 m^2	0.0648
	A12-48	带纱镶板门、胶合板门安装,无亮,双扇	100 m^2	0.0648
5	010801001002	木质门 门代号及洞口尺寸:M2900×2400	m^2	4.32
	A12-41	杉木无纱实心全胶合板门制作(无亮),平面,单扇	100 m^2	0.0432
	A12-75	杉木无纱实心全胶合板门安装(无亮),单扇	100 m^2	0.0432
6	010801001003	木质门 门代号及洞口尺寸:M3900×2100	m^2	1.89
	A12-41	杉木无纱实心全胶合板门制作(无亮),平面,单扇	100 m^2	0.0189
	A12-75	杉木无纱实心全胶合板门安装(无亮),单扇	100 m^2	0.0189
7	010807001001	金属(塑钢、断桥)窗 1.窗代号及洞口尺寸:C21800×1800 2.框、扇材质:塑钢	m^2	3.24
	A12-234	塑钢窗安装,单层	100 m^2	0.0324
	MC1-54	塑钢窗,单层	m^2	3.24
8	010807001002	金属(塑钢、断桥)窗 1.窗代号及洞口尺寸:C11500×1800 2.框、扇材质:塑钢	m^2	10.8
	A12-234	塑钢窗安装,单层	100 m^2	0.108
	MC1-54	塑钢窗,单层	m^2	10.8

(2) 单击措施项目,查看措施项目工程量。

参考答案

序 号	项 目 编 码	项 目 名 称	计 量 单 位	工程量
1	011702009001	过梁	m^2	10.362
	A21-72	小型构件模板	100 m^2	0.1036

任务4　平整场地、台阶、散水、楼梯的绘制

<table>
<tr><td colspan="2">能力训练任务或案例
通过学习和实操，完成项目（培训楼工程）任务：
1. 定义并绘制平整场地、台阶、散水、楼梯；
2. 完成平整场地、台阶、散水、楼梯的清单列项，并汇总计算出工程量；
3. 练习用表格输入法计算单构件工程量的操作。</td></tr>
<tr><td>能力(技能)目标
1. 正确定义并绘制平整场地；
2. 正确定义并绘制台阶、散水、楼梯；
3. 根据图纸构件做法正确套用清单及定额；
4. 正确使用表格输入法计算单构件工程量；
5. 汇总计算工程量。</td><td>知识目标
1. 掌握平整场地的画法及智能布置墙体；
2. 掌握台阶、散水、楼梯的定义及画法，掌握智能布置散水、台阶绘制及设置台阶踏步边的操作；
3. 掌握实体项目、措施项目的清单列项及定额做法，编写主要项目特征的操作；
4. 掌握表格输入法计算零星构件工程量的操作；
5. 掌握楼层校核及汇总计算工程量的操作。</td></tr>
</table>

4.1　平整场地的定义及绘制

（1）新建平整场地，双击“模块导航栏”中的“平整场地”进入平整场地定义界面，单击构件列表中的“新建”，如图 4.1.1 所示。

（2）根据图纸，单击“新建平整场地”，在下方的“属性编辑框”中，填写平整场地的信息，如图 4.1.2 所示。

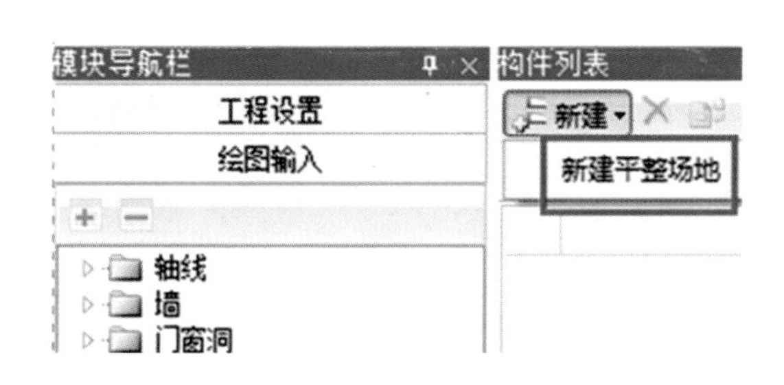

图 4.1.1

图 4.1.2

（3）根据图纸，单击定义界面的“查询匹配清单”选择平整场地的实体项目清单，单击“查询匹配定额”选择平整场地的实体项目定额，如图 4.1.3 所示，填写项目特征，如图 4.1.4 所示。

	编码	类别	项目名称	项目特	单位	工程量	表达式说明	措施项	专业
1	− 010101001	项	平整场地		m^2	MJ	MJ<面积>	☐	建筑工程
2	A1-1	定	平整场地		m^2	MJ	MJ<面积>	☐	土

图 4.1.3

	特征	特征值	输出
1	土壤类别	三类土	☑
2	弃土运距		☐
3	取土运距		☐

图 4.1.4

(4) 双击“模块导航栏”中的“平整场地”,进入平整场地绘图界面,用“点”方法绘制平整场地,在建筑内部单击鼠标左键,如图 4.1.5 所示。

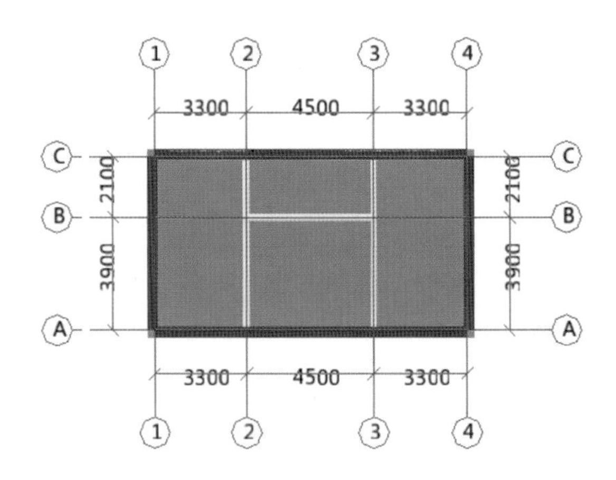

图 4.1.5

【拓展】 在绘制平整场地时,除了可以“点”方法绘制平整场地外,还有“直线”“三点画弧”“矩形”等多种方法,请尝试用其他方法绘制平整场地。

4.2 台阶的定义及绘制

(1) 新建台阶,双击“模块导航栏”中的“台阶”(或单击“台阶”,再单击定义)进入台阶定义界面,单击构件列表中的“新建”,如图 4.2.1 所示。

(2) 根据图纸,单击“新建台阶”,在下方的“属性编辑框”中,填写台阶的信息,如图 4.2.2 所示。

(3) 根据图纸,单击定义界面右边的“查询匹配清单”选择台阶的实体项目清单、措施项目清单,单击“查询匹配定额”选择台阶的实体项目定额、措施项目定额,如图 4.2.3 所示,并填写装饰清单项目特征,如图 4.2.4 所示,填好的实体清单项目特征如图 4.2.5 所示,填好的措施清单项目特征如图 4.2.6 所示。

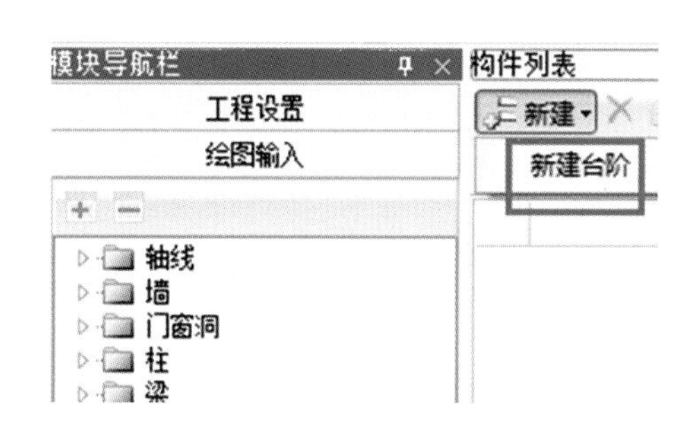

图 4.2.1

属性编辑框

属性名称	属性值	附加
名称	TAIJ-1	
材质	商品混凝	☐
砼标号	C20	☐
砼类型	(混凝土20	☐
顶标高(m)	层底标高	☐
台阶高度(	450	☐
踏步个数	3	☐

图 4.2.2

	编码	类别	项目名称	项目	单位	工程量	表达式说明	措施	专业
1	011107004	项	水泥砂浆台阶面		m²	MJ	MJ<台阶整体水平投影面积>	☐	建筑工程
2	A9-14	定	水泥砂浆整体面层 台阶 20mm		m²	MJ	MJ<台阶整体水平投影面积>	☐	饰
3	010507004	项	台阶		m²	TJ	TJ<体积>	☐	建筑工程
4	A4-31	定	台阶		m³	TJ	TJ<体积>	☐	土
5	011702027	项	台阶		m²	MJ	MJ<台阶整体水平投影面积>	☑	建筑工程
6	A21-66	定	台阶模板		m²	MJ	MJ<台阶整体水平投影面积>	☑	土

图 4.2.3

	特征	特征值	输出
1	找平层厚度、砂浆配合比		☐
2	面层厚度、砂浆配合比	20厚1:2水泥砂浆	☑
3	防滑条材料种类		☐

图 4.2.4

	特征	特征值	输出
1	踏步高、宽	150mm高、300mm宽	☑
2	混凝土种类	普通商品混凝土 碎石粒径20石	☑
3	混凝土强度等级	C20	☑

图 4.2.5

	特征	特征值	输出
1	台阶踏步宽	300mm	☑

图 4.2.6

(4) 双击“模块导航栏”中的“台阶”(或单击“台阶”,再单击绘图)进入台阶绘图界面,用“矩形”方法绘制,单击“矩形”后,按住 Shift 键的同时,单击 2 轴与 A 轴相交点,弹出“输入偏移量”,输入正确的偏移值,如图 4.2.7 所示,然后按住 Shift 键,同时捕捉 3 轴与 A 轴相交点,弹出“输入偏移量”,输入正确的偏移值,如图 4.2.8 所示。

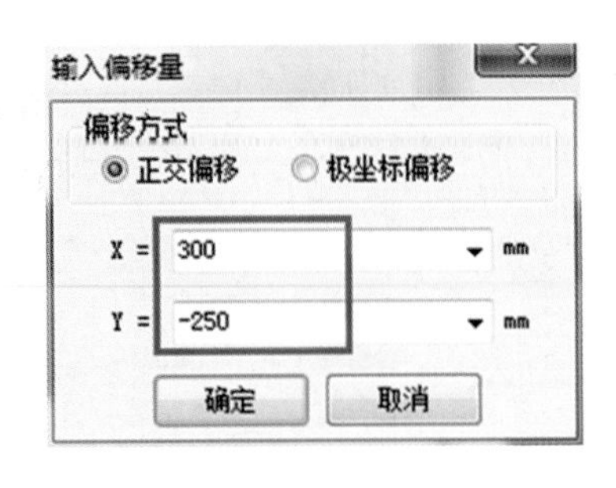

图 4.2.7

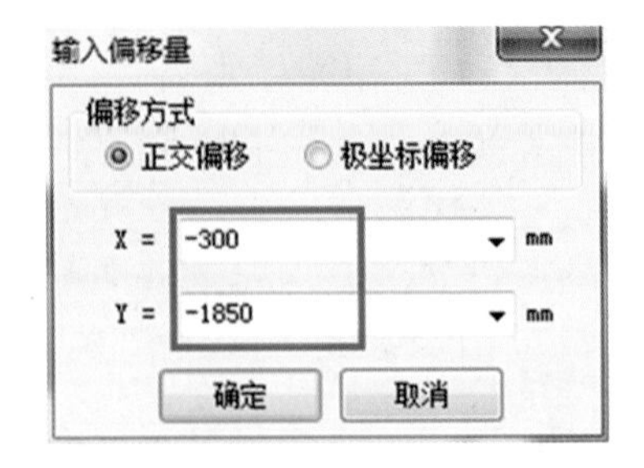

图 4.2.8

(5) 设置台阶踏步边,选择“设置台阶踏步边”命令,单击三边作为台阶的踏步边,单击右键确认,弹出提示框,如图 4.2.9 所示,再单击“确定”按钮,如图 4.2.10 所示。

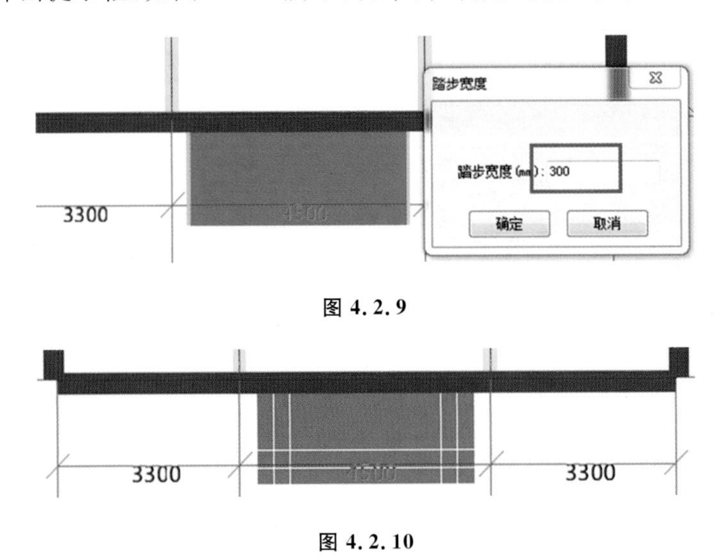

图 4.2.9

图 4.2.10

4.3 散水的定义及绘制

(1) 新建散水,双击“模块导航栏”中的“散水”,进入散水定义界面,单击构件列表中的“新建”,如图 4.3.1 所示。

(2) 根据图纸,单击“新建散水”,在下方的“属性编辑框”中,填写散水的信息,如图 4.3.2 所示。

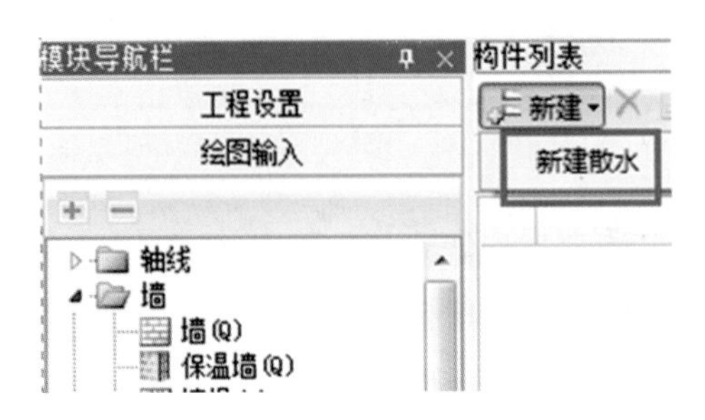

图 4.3.1

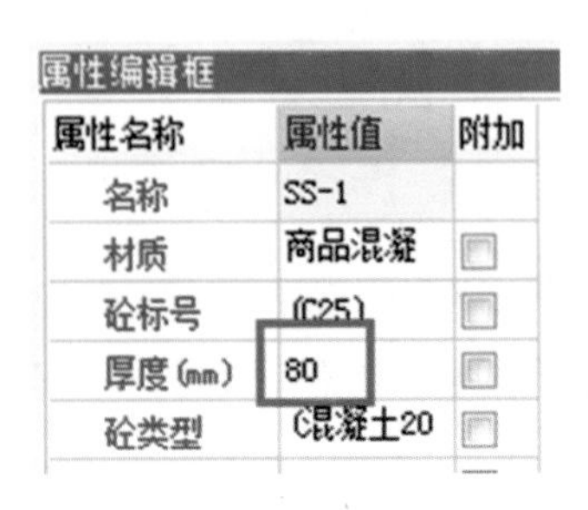

图 4.3.2

(3) 根据图纸,单击定义界面右边的“查询匹配清单”选择门的实体项目清单,单击“查询匹配定额”选择散水的实体项目定额,如图 4.3.3 所示,并填写项目特征,如图 4.3.4 所示。

	编码	类别	项目名称	项目特征	单位	工程量	表达式说明	措施	专业
1	− 010507001	项	散水、坡道		m^2	MJ	MJ<面积>	☐	建筑工程
2	A4-30	定	地沟、明沟、电缆沟、散水坡		m^3	MJ*0.08	MJ<面积>*0.08	☐	土

图 4.3.3

	特征	特征值	输出
1	垫层材料种类、厚度	80厚C10混凝土垫层	☑
2	面层厚度	一次抹光	☑
3	混凝土种类		☐
4	混凝土强度等级		☐
5	变形缝填塞材料种类	沥青砂浆嵌缝	☑

图 4.3.4

(4) 双击“模块导航栏”中的“散水”(或单击“散水”,再单击绘图)进入散水绘图界面,单击“智能布置”,按外墙外边线布置绘制散水,输入散水宽度,如图 4.3.5 所示,绘制出的散水如图 4.3.6 所示。

图 4.3.5

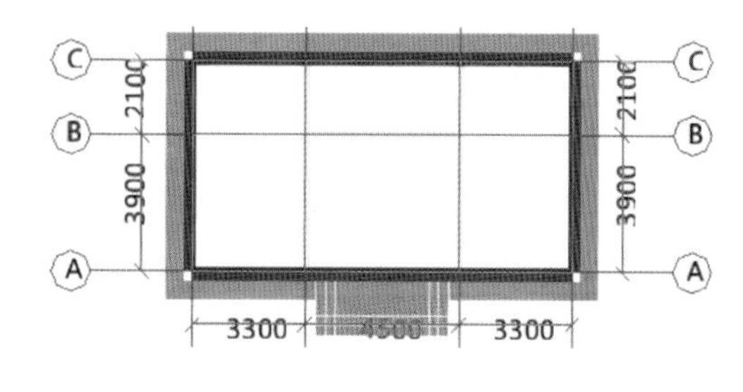

图 4.3.6

【拓展】 在绘制散水时,除了可以用“智能布置”方法绘制散水外,还有“直线”“三点画弧”“矩形”等多种方法,请尝试用其他方法绘制散水。

4.4 楼梯的定义及绘制

(1) 新建楼梯,双击“模块导航栏”中的“楼梯”(或单击“楼梯”,再单击定义)进入楼梯定义界面,单击构件列表中的“新建”,如图 4.4.1 所示。

(2) 根据图纸,单击“新建参数化楼梯”,选择参数化图形,根据培训楼的楼梯形式选择“标准双跑 1”,如图 4.4.2 所示。

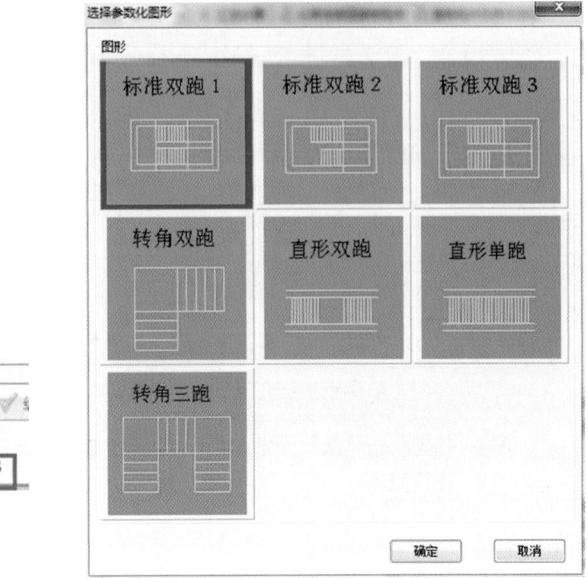

图 4.4.1

图 4.4.2

(3) 单击“确定”按钮后，进入定义图形参数界面，根据楼梯详图，对楼梯相关参数进行定义，如图 4.4.3 所示，单击“保存”退出。在下方的“属性编辑框”中，填写楼梯的信息，根据图纸的情况，楼梯属性不需要修改。

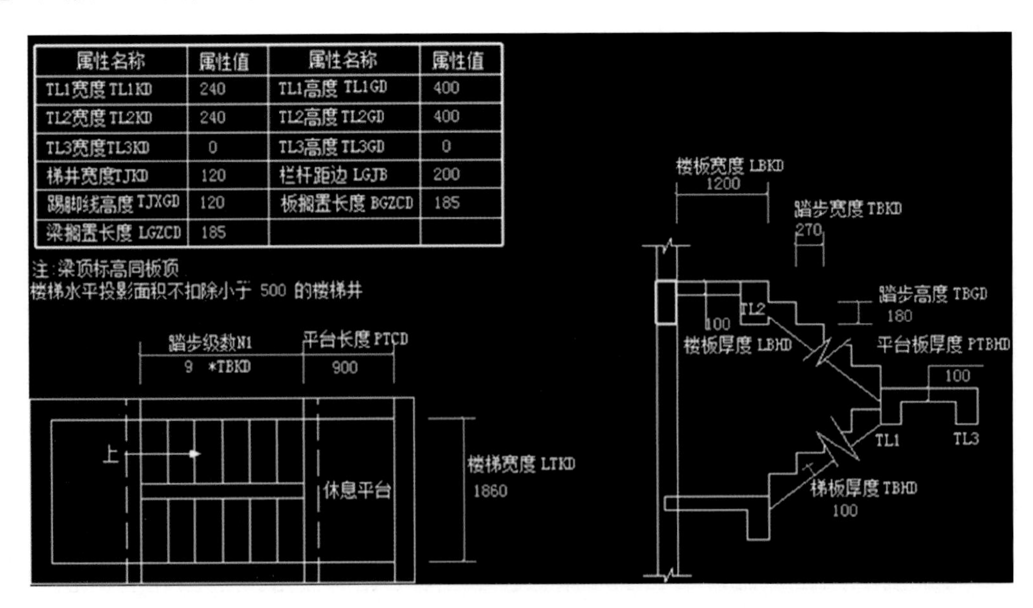

图 4.4.3

(4) 根据图纸，单击定义界面右边的“查询匹配清单”，选择楼梯的实体项目清单和措施项目清单，单击“查询匹配定额”选择楼梯的实体项目定额和措施项目定额，如图 4.4.4 所示，并填写项目特征，如图 4.4.5 所示。

	编码	类别	项目名称	项目	单位	工程量	表达式说明	措施	专业
1	− 010506001	项	直形楼梯		m^3	TTJ	TTJ<砼体积>	☐	建筑工程
2	A4-20	定	直形楼梯		m^3	TTJ	TTJ<砼体积>	☐	土
3	− 011702024	项	楼梯		m^2	TYMJ	TYMJ<水平投影面积>	☑	建筑工程
4	A21-62	定	楼梯模板 直形		m^2	TYMJ	TYMJ<水平投影面积>	☑	土

图 4.4.4

	特征	特征值	输出
1	混凝土种类	普通商品混凝土 碎石粒径20石	☑
2	混凝土强度等级	C25	☑

图 4.4.5

(5) 双击“模块导航栏”中的“楼梯”(或单击“楼梯”,再单击绘图)进入楼梯绘图界面,单击“旋转点”,按图纸位置绘制楼梯,按住 Shift 键的同时,单击 2 轴与 B 轴相交点,弹出“输入偏移量”,输入正确的偏移值,如图 4.4.6 所示,然后捕捉垂直点,如图 4.4.7 所示。

图 4.4.6

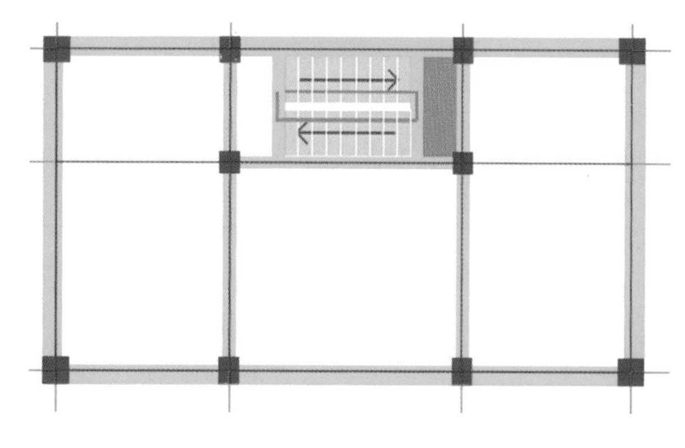

图 4.4.7

4.5　查看工程量

(1) 按快捷键 F9 汇总计算,然后单击“报表预览”中的“清单定额汇总表”查看实体项目工程量。

参考答案

序号	项 目 编 码	项 目 名 称	计量单位	工程量
1	010101001001	平整场地 土壤类别:三类土	m^2	75.4
	A1-1	平整场地	100 m^2	0.754

续表

序号	项 目 编 码	项 目 名 称	计量单位	工程量
2	010506001001	直形楼梯 1. 混凝土种类:普通商品混凝,土碎石粒径 20 石 2. 混凝土强度等级:C25	m^3	1.4698
	A4-20	直形楼梯	10 m^3	0.1454
3	010507001001	散水、坡道 1. 垫层材料种类、厚度:80 厚 C10 混凝土垫层 2. 面层厚度:一次抹光 3. 变形缝填塞材料种类:沥青砂浆嵌缝	m^2	18.975
	A4-30	地沟、明沟、电缆沟、散水坡	10 m^3	0.1518
4	010507004001	台阶 1. 踏步高、宽:150 mm 高、300 mm 宽 2. 混凝土种类:普通商品混凝土,碎石粒径 20 石 3. 混凝土强度等级:C20	m^2	1.9845
	A4-31	台阶	10 m^3	0.1985
5	011107004001	水泥砂浆台阶面	m^2	3.54
	A9-14	水泥砂浆整体面层,台阶 20 mm	100 m^2	0.0354

(2) 单击措施项目,查看措施项目工程量。

参考答案

序 号	项 目 编 码	项 目 名 称	计 量 单 位	工 程 量
1	011702024001	楼梯	m^2	6.6402
	A21-62	楼梯模板直形	100 m^2	0.0664
2	011702027001	台阶	m^2	3.54
	A21-66	台阶模板	100 m^2	0.0354

任务5　楼层、阳台、雨篷的绘制及修改

<table>
<tr><td colspan="2">能力训练任务或案例
通过学习和实操，完成项目(培训楼工程)任务：
1.楼层的复制、修改；
2.定义并绘制阳台、雨篷；
3.完成阳台、雨篷的清单列项，并汇总计算出工程量。</td></tr>
<tr><td>能力(技能)目标
1.正确从首层复制构件图元到第二层，并根据图纸进行相应的修改；
2.正确定义并绘制阳台、雨篷；
3.根据图纸构件做法正确套用清单及定额；
4.汇总计算工程量。</td><td>知识目标
1.掌握从其他楼层复制构件图元的方法，并进行相应的修改；
2.掌握阳台、雨篷的定义及画法；
3.掌握实体项目、措施项目的清单列项及定额做法，熟练编写主要项目特征；
4.掌握楼层校核及汇总计算工程量的操作。</td></tr>
</table>

5.1　楼层复制

(1) 在楼层信息框下拉菜单中选择“第2层”，将当前楼层设置为第2层，选择“楼层”下拉菜单中的“从其他楼层复制构件图元”，如图5.1.1所示，勾选需要复制的图元构件，如图5.1.2所示，单击“确定”按钮。

(2) 楼层修改。根据图纸，对首层和二层不同的地方进行修改，二层需要修改的构件为梁、楼板、阳台、雨篷、门窗，如表5.1.1所示。

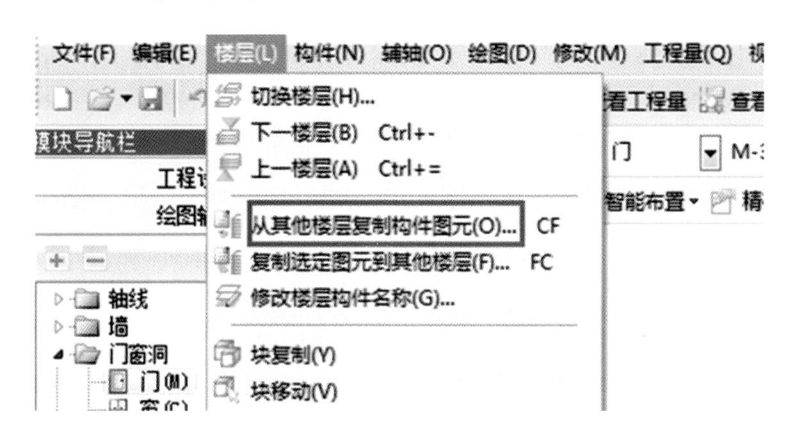

图5.1.1

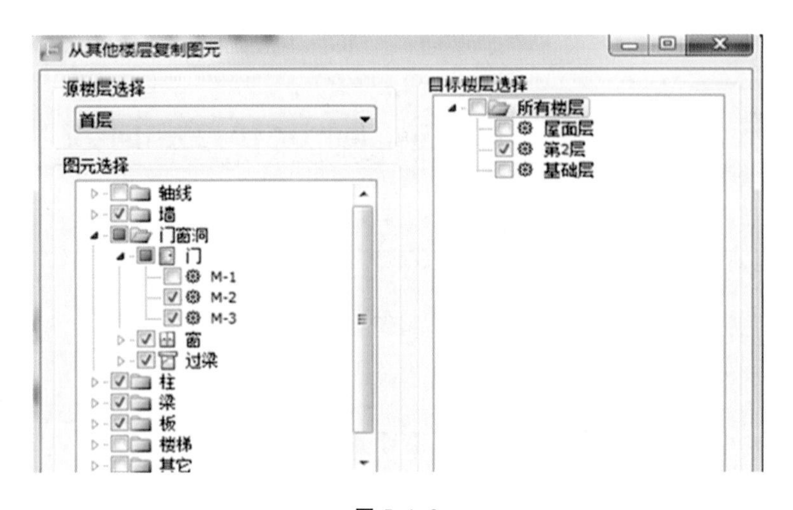

图 5.1.2

表 5.1.1 构件数据

构件名称	修改说明
KL1、KL2、KL3	将梁高 500 mm 修改成 650 mm
楼梯间楼板	将楼梯间位置修改成一整块板
阳台、雨篷	在二层增加阳台、雨篷
门	将首层 M-1 修改成 MC-1

(3) 对 KL1、KL2、KL3 进行修改，在“模块导航栏”中单击“梁”，再按快捷键 F3(批量选择快捷键)，选择 KL1、KL2、KL3，如图 5.1.3 所示，单击“确定”按钮，然后再单击“属性”，把梁截面高度改成“650”，按键盘上 Enter 键确定，如图 5.1.4 所示。

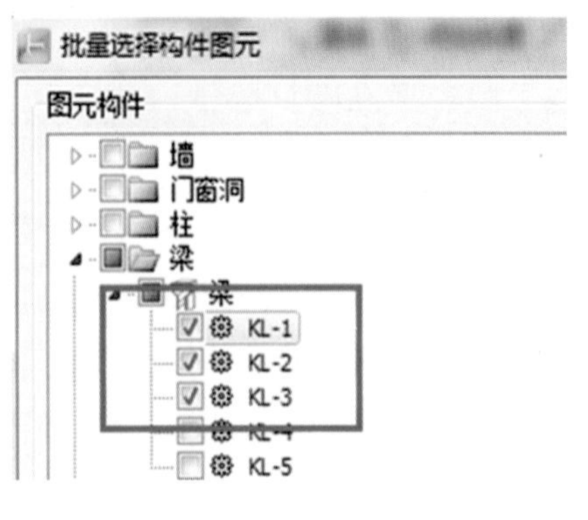

图 5.1.3

图 5.1.4

(4) 根据图纸，对板进行修改，删除楼梯间的连接板，用“点”方法绘制楼梯间 XB-1，如图 5.1.5 所示。

(5) 修改门，左键双击“模块导航栏”中的“门联窗”(或单击“门联窗”，再单击定义)进入门联窗定义界面，单击构件列表中的“新建”，如图 5.1.6 所示，填写门联窗的信息，如图 5.1.7 所示。

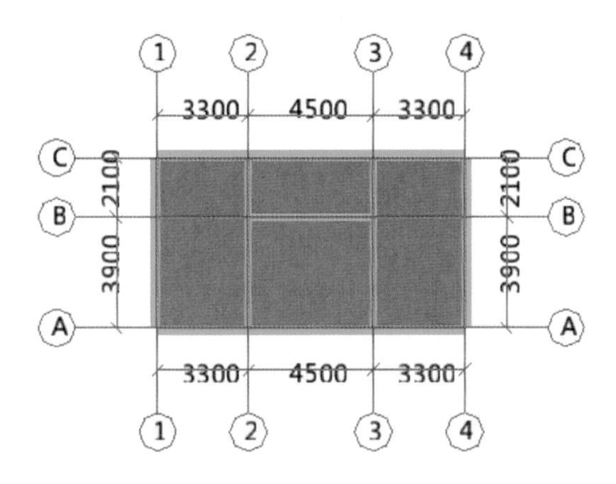

图 5.1.5

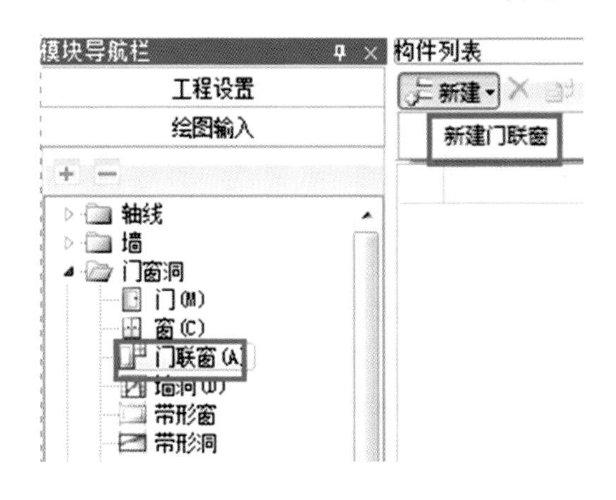

图 5.1.6

图 5.1.7

(6) 根据图纸，单击定义界面右边的“选配”，如图 5.1.8 所示，选择首层“M-1”，如图 5.1.9 所示，单击“确定”按钮，再次单击“选配”，选择“C-1”，如图 5.1.10 所示，单击“确定”按钮，并选择“工程量表达式”，在“工程量表达式”栏中，单击左键，然后单击出现的“…”，在弹出的“选择工程量代码”中选择正确的工程量代码，如图 5.1.11 所示，填写门的项目特征，如图 5.1.12 所示，填写窗的项目特征，如图 5.1.13 所示。

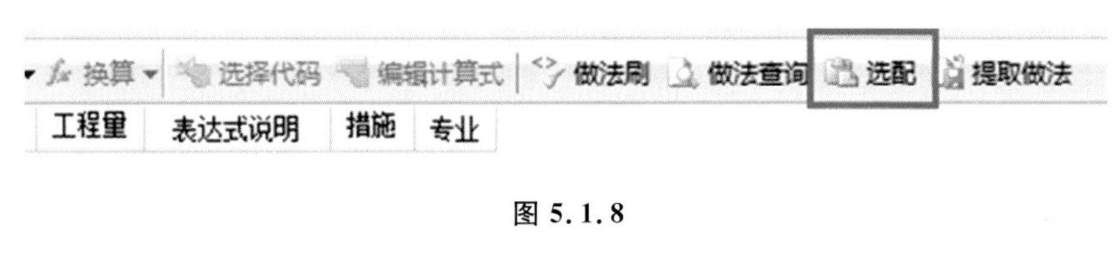

图 5.1.8

图 5.1.9

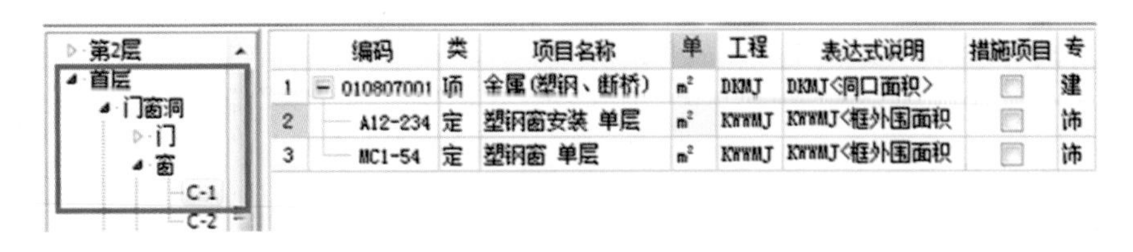

	编码	类	项目名称	单	工程	表达式说明	措施项目	专
1	010807001	项	金属(塑钢、断桥)	m²	DKMJ	DKMJ<洞口面积>	☐	建
2	A12-234	定	塑钢窗安装 单层	m²	KWWMJ	KWWMJ<框外围面积	☐	饰
3	MC1-54	定	塑钢窗 单层	m²	KWWMJ	KWWMJ<框外围面积	☐	饰

图 5.1.10

	编码	类别	项目名称	项目特征	单位	工程量	表达式说明	措施	专业
1	010801001	项	木质门		m²	MDKMJ	MDKMJ<门洞口面积>	☐	建筑工程
2	A12-4	定	杉木带纱镶板门制作 无亮 双扇		m²	MKWWMJ	MKWWMJ<门框外围面积>	☐	饰
3	A12-48	定	带纱镶板门、胶合板门安装 无亮 双扇		m²	MKWWMJ	MKWWMJ<门框外围面积>	☐	饰
4	010807001	项	金属(塑钢、断桥)窗		m²	CDKMJ	CDKMJ<窗洞口面积>	☐	建筑工程
5	A12-234	定	塑钢窗安装 单层		m²	CKWWMJ	CKWWMJ<窗框外围面积>	☐	饰
6	MC1-54	定	塑钢窗 单层		m²	CKWWMJ	CKWWMJ<窗框外围面积>	☐	饰

图 5.1.11

	特征	特征值	输出
1	窗代号及洞口尺寸	MC-1 1500*1800	☑
2	框、扇材质	塑钢	☑
3	玻璃品种、厚度		☐

图 5.1.12

	特征	特征值	输出
1	门代号及洞口尺寸	MC-1 900*2700	☑
2	镶嵌玻璃品种、厚度		☐

图 5.1.13

(7) 双击“模块导航栏”中的“门联窗”(或单击“门联窗”,再单击绘图)进入门联窗绘图界面,单击“点”根据图纸位置绘制门联窗,如图 5.1.14 所示,绘制过梁,如图 5.1.15 所示。

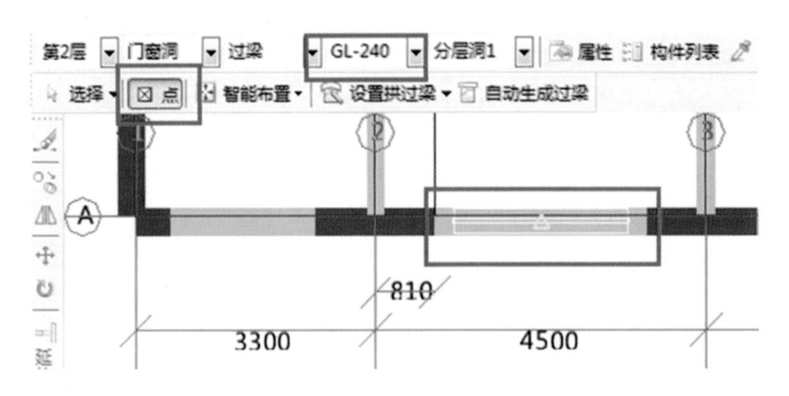

图 5.1.14

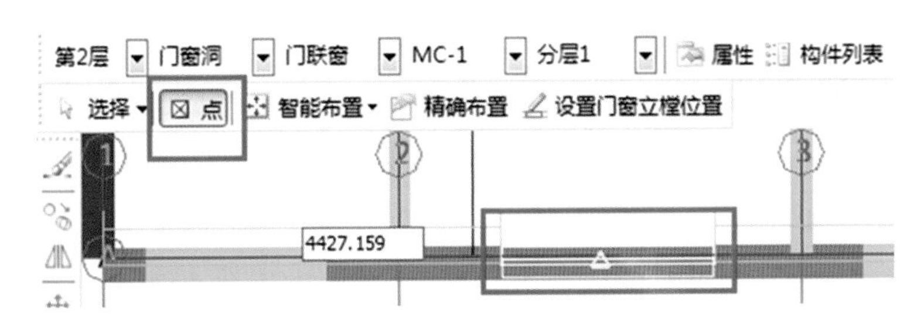

图 5.1.15

5.2 阳台的定义及绘制

(1) 双击“模块导航栏”中的“阳台”(或单击“阳台”,再单击定义)进入阳台板定义界面,单击构件列表中的“新建”,无需修改阳台的信息。

(2) 根据图纸,单击定义界面右边的“查询匹配清单”选择阳台的实体项目清单和措施项目清单,单击“查询匹配定额”选择阳台的实体项目定额和措施项目定额,如图 5.2.1 所示,并修改工程量表达式(其中实体项目的清单和定额计算规则是体积,需要在工程量表达式中乘以 0.1),如图 5.2.2 所示,填写实体项目特征,如图 5.2.3 所示,填写措施项目特征,如图 5.2.4 所示。

	编码	类别	项目名称	项目特征	单位	工程量表达式	表达式说明	措施	专业
1	010505008	项	雨篷、悬挑板、阳台板		m^3	YTTYMJ	YTTYMJ<阳台水平投影面积>	☐	建筑工程
2	A4-26	定	阳台、雨篷		m^3			☐	土
3	011702023	项	雨篷、悬挑板、阳台板		m^2	YTTYMJ	YTTYMJ<阳台水平投影面积>	☑	建筑工程
4	A21-64	定	阳台、雨篷模板 直形		m^2	YTTYMJ	YTTYMJ<阳台水平投影面积>	☑	土

图 5.2.1

	编码	类别	项目名称	项目特征	单位	工程量表达式	表达式说明	措施	专业
1	010505008	项	雨篷、悬挑板、阳台板		m^3	SJHZTYMJ*0.1	SJHZTYMJ<实际绘制投影面积>*0.1	☐	建筑工程
2	A4-26	定	阳台、雨篷		m^3	SJHZTYMJ*0.1	SJHZTYMJ<实际绘制投影面积>*0.1	☐	土
3	011702023	项	雨篷、悬挑板、阳台板		m^2	SJHZTYMJ	SJHZTYMJ<实际绘制投影面积>	☑	建筑工程
4	A21-64	定	阳台、雨篷模板 直形		m^2	SJHZTYMJ	SJHZTYMJ<实际绘制投影面积>	☑	土

图 5.2.2

查询匹配清单 查询匹配定额 查询清单库 查询匹配外部清单 查询措施 查询定额库 项目特征

	特征	特征值	输出
1	混凝土种类	普通商品混凝土 碎石粒径20石	☑
2	混凝土强度等级	C25	☑

图 5.2.3

查询匹配清单 查询匹配定额 查询清单库 查询匹配外部清单 查询措施 查询定额库 项目特征

	特征	特征值	输出
1	构件类型	阳台	☑
2	板厚度	100mm	☑

图 5.2.4

(3) 双击“模块导航栏”中的“阳台”(或单击“阳台”,再单击绘图)进入阳台绘图界面,单击“矩形”,按住 Shift 键的同时,单击 2 轴与 A 轴相交点,弹出“输入偏移量”对话框,输入正确的偏移值,如图 5.2.5 所示,然后按住 Shift 键的同时,捕捉 3 轴与 A 轴相交点,弹出“输入偏移量”对话框,输入正确的偏移值,如图 5.2.6 所示。绘制的阳台板,如图 5.2.7 所示。

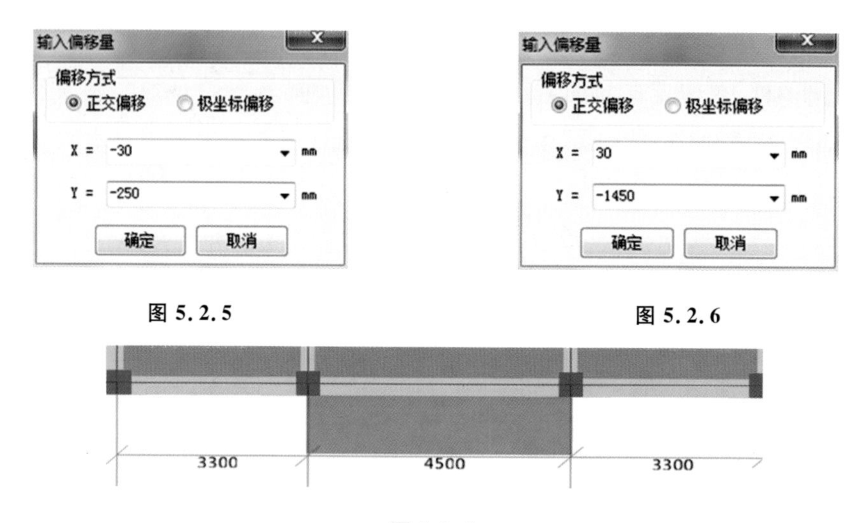

图 5.2.5

图 5.2.6

图 5.2.7

(4) 新建阳台栏板,双击“模块导航栏”中的“栏板”(或单击“栏板”,再单击定义)进入栏板定义界面,单击构件列表中的“新建”,如图 5.2.8 所示,在下方的“属性编辑框”中输入栏板信息,如图 5.2.9 所示。

图 5.2.8

属性编辑框

属性名称	属性值	附加
名称	LB-YT	
材质	商品混凝	☐
砼标号	(C25)	☐
砼类型	(混凝土20	☐
截面宽度(mm)	60	☐
截面高度(mm)	900	☐
截面面积(m2)	0.054	☐
起点底标高(m)	层底标高	☐
终点底标高(m)	层底标高	☐
轴线距左边线	(30)	☐

图 5.2.9

(5) 单击定义界面右边的“查询匹配清单”选择栏板的实体项目清单和措施项目清单，单击“查询匹配定额”选择栏板的实体项目定额和措施项目定额，如图 5.2.10 所示，并填写项目特征，如图 5.2.11 所示。

	编码	类别	项目名称	项目特征	单位	工程量表达式	表达式说明	措施	专业
1	⊟ 010505006	项	栏板		m^3	TJ	TJ<体积>	☐	建筑工程
2	A4-27	定	栏板、反檐		m^3	TJ	TJ<体积>	☐	土
3	⊟ 011702021	项	栏板		m^2	MBMJ	MBMJ<模板面积>	☑	建筑工程
4	A21-67	定	栏板、反檐模板		m^2	MBMJ	MBMJ<模板面积>	☑	土

图 5.2.10

查询匹配清单　查询匹配定额　查询清单库　查询匹配外部清单　查询措施　查询定额库　项目特征

	特征	特征值	输出
1	混凝土种类	普通商品混凝土 碎石粒径20石	☑
2	混凝土强度等级	C25	☑

图 5.2.11

(6) 双击“模块导航栏”中的“栏板”(或单击“栏板”，再单击绘图)进入栏板绘图界面，打开捕捉点“顶点”单击“直线”后，选择栏板的顶点，按住 F4 键，调整栏板外边与阳台外边的位置关系，按图纸位置绘制栏板，如图 5.2.12 所示。

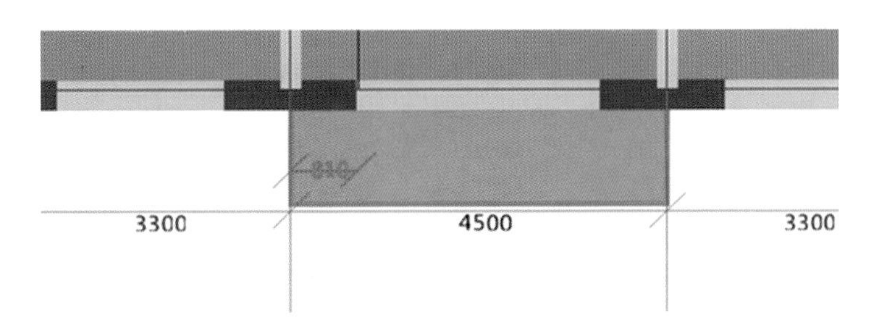

图 5.2.12

5.3　雨篷的定义及绘制

(1) 新建雨篷，双击“模块导航栏”中的“挑檐”(或单击“挑檐”，再单击定义)进入雨篷板定义界面，单击构件列表中的“新建”，如图 5.3.1 所示，在“属性编辑框”中填写雨篷板的属性，如图 5.3.2 所示。

(2) 单击定义界面右边的“查询清单库”选择雨篷的实体项目清单和措施项目清单，如图 5.3.3 所示，单击“查询定额库”选择雨篷的实体项目定额和措施项目定额，如图 5.3.4 所示，并选择工程量表达式，如图 5.3.5 所示，填写实体项目特征，如图 5.3.6 所示，填写措施项目特征，如图 5.3.7 所示。

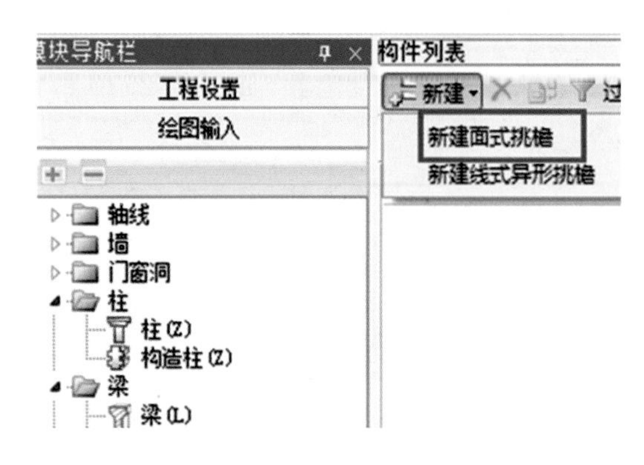

图 5.3.1

属性编辑框

属性名称	属性值	附加
名称	TY-1	
材质	商品混凝	☐
板厚(mm)	100	☐
砼标号	(C25)	☐
顶标高(m)	层顶标高	☐
砼类型	(混凝土20	☐
形状	面式	☐

图 5.3.2

查询匹配清单 查询匹配定额 查询清单库 查询匹配外部清单 查询措施 查询定额库 项目特征

章节查询 条件查询

名称 雨篷

编码

查询 清除条件

	编码	清单项	单位
1	010505008	雨篷、悬挑板、阳台板	m^3
2	010607003	成品雨篷	m/m^2
3	011506001	雨篷吊挂饰面	m^2
4	011506003	玻璃雨篷	m^2
5	011702023	雨篷、悬挑板、阳台板	m^2

图 5.3.3

查询匹配清单 查询匹配定额 查询清单库 查询匹配外部清单 查询措施 查询定额库 项目特征

章节查询 条件查询

名称 雨篷

编码

查询 清除条件

	编码	名称
1	A4-26	阳台、雨篷
2	A21-64	阳台、雨篷模板 直形
3	A21-65	阳台、雨篷模板 圆弧形

图 5.3.4

	编码	类别	项目名称	项目特征	单位	工程量	表达式说明	措施	专业
1	010505008	项	雨篷、悬挑板、阳台板		m^3	TJ	TJ<体积>	☐	建筑工程
2	A4-26	定	阳台、雨篷		m^3	TJ	TJ<体积>	☐	土
3	011702023	项	雨篷、悬挑板、阳台板		m^2	MBMJ	MBMJ<模板面积>	☑	建筑工程
4	A21-64	定	阳台、雨篷模板直形		m^2	MBMJ	MBMJ<模板面积>	☑	土

图 5.3.5

查询匹配清单　查询匹配定额　查询清单库　查询匹配外部清单　查询措施　查询定额库　项目特征

	特征	特征值	输出
1	混凝土种类	普通商品混凝土 碎石粒径20石	☑
2	混凝土强度等级	C25	☑

图 5.3.6

查询匹配清单　查询匹配定额　查询清单库　查询匹配外部清单　查询措施　查询定额库　项目特征

	特征	特征值	输出
1	构件类型	阳台	☑
2	板厚度	100mm	☑

图 5.3.7

【注意】 雨篷构件选择挑檐定义，是因为挑檐绘制方法可以用智能布置，方便绘制。

(3) 双击“模块导航栏”中的“挑檐”(或单击“挑檐”，再单击绘图)进入雨篷板绘图界面，单击“智能布置”，选择“外墙外边线”布置，如图 5.3.8 所示，在弹出的对话框中挑檐宽输入“600”，单击“确定”。单击“矩形”，分别捕捉阳台栏板角点绘制，如图 5.3.9 所示，然后选中所有的挑檐，右键单击“合并”，如图 5.3.10 所示。

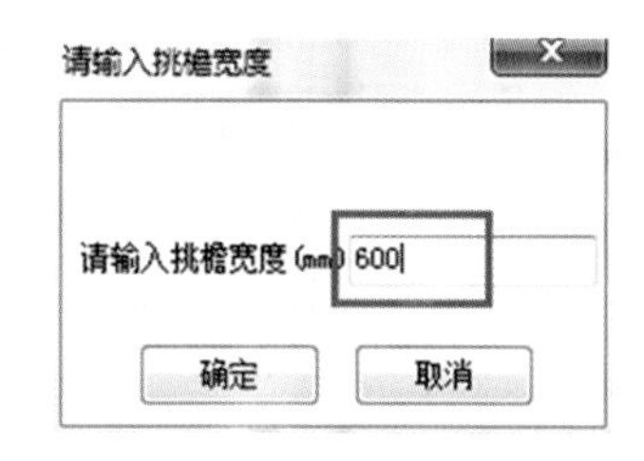

图 5.3.8

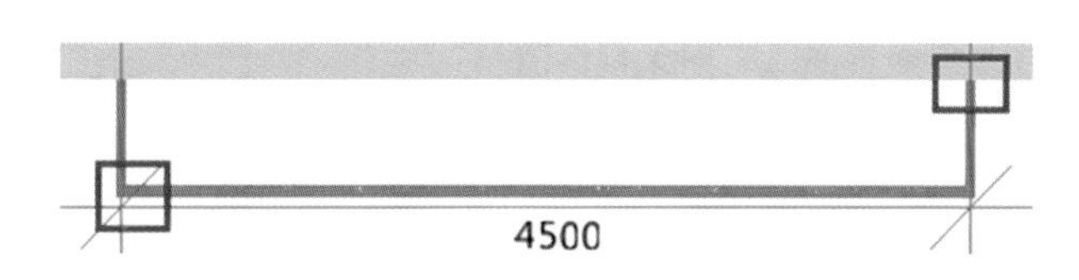

图 5.3.9

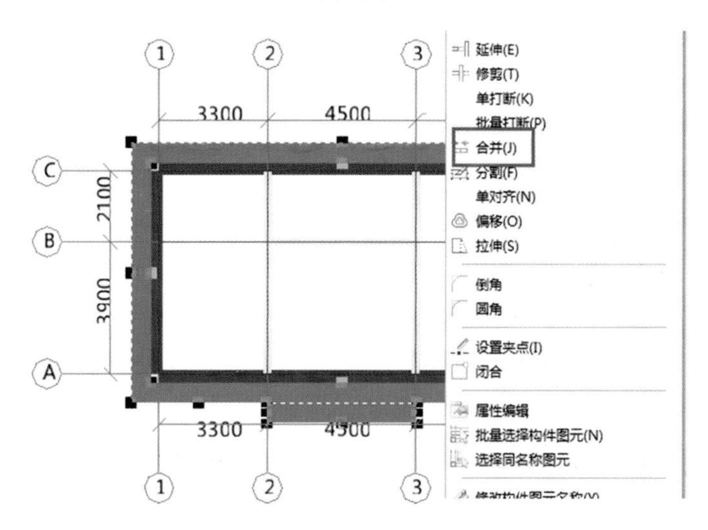

图 5.3.10

(4) 新建雨篷栏板，双击“模块导航栏”中的“栏板”(或单击“栏板”，再单击定义)进入栏板定义界面，单击构件列表中的“新建矩形栏板”，如图 5.3.11 所示，在下方的“属性编辑框”中输入栏板信息，如图 5.3.12 所示。

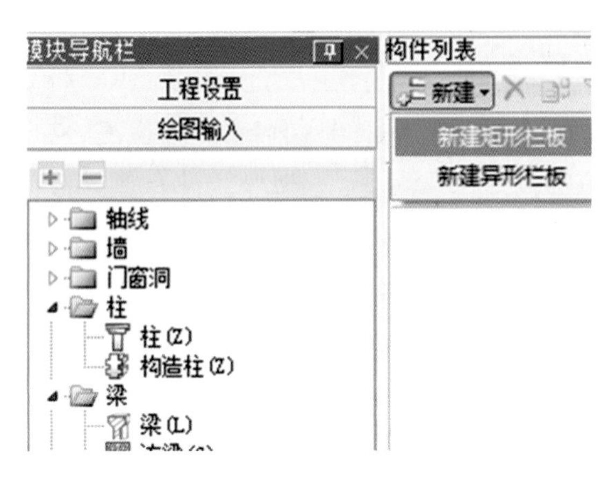

图 5.3.11

属性编辑框

属性名称	属性值	附加
名称	LB-YP	
材质	商品混凝	☐
砼标号	(C25)	☐
砼类型	(混凝土20	☐
截面宽度(	60	☐
截面高度(	200	☐
截面面积(m	0.012	☐
起点底标高	层顶标高	☐
终点底标高	层顶标高	☐

图 5.3.12

(5) 单击定义界面右边的“查询匹配清单”选择栏板的实体项目清单和措施项目清单，单击“查询匹配定额”选择栏板的实体项目定额和措施项目定额，如图 5.3.13 所示，并填写项目特征，如图 5.3.14 所示。

	编码	类别	项目名称	项目特征	单位	工程量表达式	表达式说明	措施	专业
1	010505006	项	栏板		m^3	TJ	TJ<体积>	☐	建筑工程
2	A4-27	定	栏板、反檐		m^3	TJ	TJ<体积>	☐	土
3	011702021	项	栏板		m^2	MBMJ	MBMJ<模板面积>	☑	建筑工程
4	A21-67	定	栏板、反檐模板		m^2	MBMJ	MBMJ<模板面积>	☑	土

图 5.3.13

查询匹配清单 查询匹配定额 查询清单库 查询匹配外部清单 查询措施 查询定额库 项目特征

	特征	特征值	输出
1	混凝土种类	普通商品混凝土 碎石粒径20石	☑
2	混凝土强度等级	C25	☑

图 5.3.14

(6) 双击“模块导航栏”中的“栏板”(或单击“栏板”，再单击绘图)进入栏板绘图界面，打开捕捉点“顶点”，单击“直线”，捕捉雨篷板的顶点，按住 F4 键，调整栏板外边与雨篷外边的位置关系，按图纸位置绘制栏板，如图 5.3.15 所示。

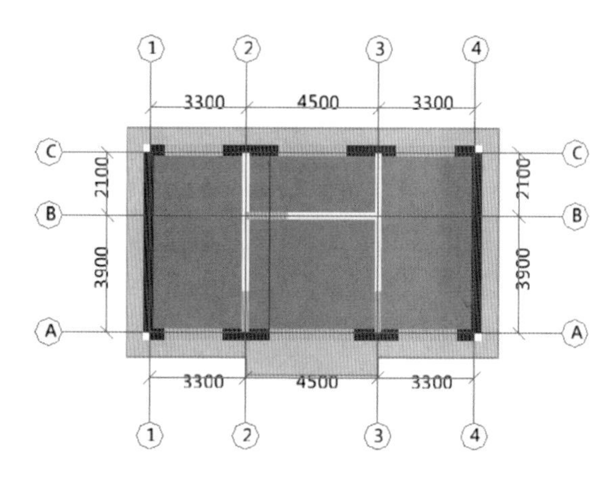

图 5.3.15

5.4　查看工程量

(1) 按快捷键 F9 汇总计算，然后单击“报表预览”中的“清单定额汇总表”查看实体项目工程量。

参考答案

序号	项 目 编 码	项 目 名 称	计量单位	工程量
1	010401003001	实心砖墙 1. 砖品种、规格、强度等级：标准砖 240×115×53 MU10 2. 墙体类型：外墙 3. 砂浆强度等级、配合比：M5 水泥石灰砂浆	m^3	51.3405
	A3-8	混水砖外墙，墙体厚度 1 砖半	10 m^3	5.1341
2	010401003002	实心砖墙 1. 砖品种、规格、强度等级：标准砖 240×115×53 MU10 2. 墙体类型：内墙 3. 砂浆强度等级、配合比：M5 水泥石灰砂浆	m^3	18.0503
	A3-15	混水砖内墙，墙体厚度 1 砖	10 m^3	1.805
3	010502001001	矩形柱 1. 混凝土种类：普通商品混凝土碎石粒径 20 石 2. 混凝土强度等级：C25	m^3	15.264
	A4-5	矩形、多边形、异形、圆形柱	10 m^3	1.5264

续表

序号	项目编码	项目名称	计量单位	工程量
4	010503005001	过梁 1. 混凝土种类:商品混凝土 2. 混凝土强度等级:C25	m^3	1.9554
	A4-10	圈、过、拱、弧形梁	10 m^3	0.1955
5	010505001001	有梁板 1. 混凝土种类:普通商品混凝土碎石粒径 20 石 2. 混凝土强度等级:C25	m^3	27.5416
	A4-14	平板、有梁板、无梁板	10 m^3	2.7495
	8021121	普通预拌混凝土 C25 粒径为 20 mm 石子	m^3	27.7701
6	010505006001	栏板 1. 混凝土种类:普通商品混凝土碎石粒径 20 石 2. 混凝土强度等级:C25	m^3	0.8729
	A4-27	栏板、反檐	10 m^3	0.0873
7	010505008001	雨篷、悬挑板、阳台板 1. 混凝土种类:普通商品混凝土碎石粒径 20 石 2. 混凝土强度等级:C25	m^3	0.5472
	A4-26	阳台、雨篷	10 m^3	0.0547
8	010801001001	木质门 门代号及洞口尺寸:M2900×2400	m^2	8.64
	A12-41	杉木无纱实心全胶合板门制作(无亮),平面,单扇	100 m^2	0.0864
	A12-75	杉木无纱实心全胶合板门安装(无亮),单扇	100 m^2	0.0864
9	010801001002	木质门 门代号及洞口尺寸:M12400×2700	m^2	6.48
	A12-4	杉木带纱镶板门制作,无亮,双扇	100 m^2	0.0648
	A12-48	带纱镶板门、胶合板门安装,无亮,双扇	100 m^2	0.0648
10	010801001003	木质门 门代号及洞口尺寸:M3900×2100	m^2	3.78
	A12-41	杉木无纱实心全胶合板门制作(无亮),平面,单扇	100 m^2	0.0378
	A12-75	杉木无纱实心全胶合板门安装(无亮),单扇	100 m^2	0.0378
11	010801001004	木质门 门代号及洞口尺寸:MC-1900×2700	m^2	2.43
	A12-41	杉木无纱实心全胶合板门制作(无亮),平面,单扇	100 m^2	0.0243
	A12-75	杉木无纱实心全胶合板门安装(无亮),单扇	100 m^2	0.0243

续表

序号	项目编码	项目名称	计量单位	工程量
12	010807001001	金属（塑钢、断桥）窗 1.窗代号及洞口尺寸:C11500×1800 2.框、扇材质:塑钢	m^2	21.6
	A12-234	塑钢窗安装，单层	100 m^2	0.216
	MC1-54	塑钢窗，单层	m^2	21.6
13	010807001002	金属（塑钢、断桥）窗 1.窗代号及洞口尺寸:C21800×1800 2.框、扇材质:塑钢	m^2	6.48
	A12-234	塑钢窗安装，单层	100 m^2	0.0648
	MC1-54	塑钢窗，单层	m^2	6.48
14	010807001004	金属（塑钢、断桥）窗 1.窗代号及洞口尺寸:MC11500×1800 2.框、扇材质:塑钢	m^2	2.7
	A12-234	塑钢窗安装，单层	100 m^2	0.027
	MC1-54	塑钢窗，单层	m^2	2.7

（2）单击措施项目，查看措施项目工程量。

参考答案

序号	项目编码	项目名称	计量单位	工程量
1	011702002001	矩形柱	m^2	122.302
	A21-16	矩形柱模板（周长 m）支模高度 3.6 m 内 1.8 外	100 m^2	0.9393
	A21-15	矩形柱模板（周长 m）支模高度 3.6 m 内 1.8 内	100 m^2	0.3673
2	011702006001	矩形梁 支撑高度:3.6 m	m^2	114.1647
	A21-25	单梁、连续梁模板（梁宽 cm）25 以内，支模高度 3.6 m	100 m^2	0.3016
	A21-26	单梁、连续梁模板（梁宽 cm）25 以外，支模高度 3.6 m	100 m^2	0.8419
3	011702009001	过梁	m^2	19.449
	A21-72	小型构件模板	100 m^2	0.1945
4	011702014001	有梁板	m^2	110.4286
	A21-49	有梁板模板支模高度 3.6 m	100 m^2	1.1043
5	011702021001	栏板	m^2	29.5064
	A21-67	栏板、反檐模板	100 m^2	0.2951
6	011702023001	雨篷、悬挑板、阳台板	m^2	5.472
	A21-64	阳台、雨篷模板，直形	100 m^2	0.0547

任务6　女儿墙、构造柱、压顶、屋面的绘制

<table>
<tr><td colspan="2">能力训练任务或案例
通过学习和实操，完成项目(培训楼工程)任务：
1. 定义并绘制女儿墙、构造柱、压顶、屋面；
2. 识读图纸找出该工程屋面工程的做法；
3. 完成女儿墙、构造柱、压顶、屋面的清单列项，并汇总计算出工程量；
4. 尝试用不同的方法绘制，对比那种方法好。</td></tr>
<tr><td>能力(技能)目标
1. 正确定义并绘制女儿墙、构造柱、压顶、屋面；
2. 根据图纸构件做法正确套用清单及定额；
3. 汇总计算工程量。</td><td>知识目标
1. 掌握女儿墙、构造柱、压顶、屋面的定义及绘制；
2. 掌握实体项目、措施项目的清单列项及定额做法，编写主要项目特征的操作；
3. 掌握楼层校核及汇总计算工程量的操作。</td></tr>
</table>

6.1　女儿墙的定义及绘制

(1) 双击“模块导航栏”中的“墙”(或单击“墙”，再单击定义)进入外墙定义界面，单击构件列表中的“新建”，选择“新建外墙”，如图6.1.1所示，在“属性编辑框”中填写女儿墙属性，如图6.1.2所示。

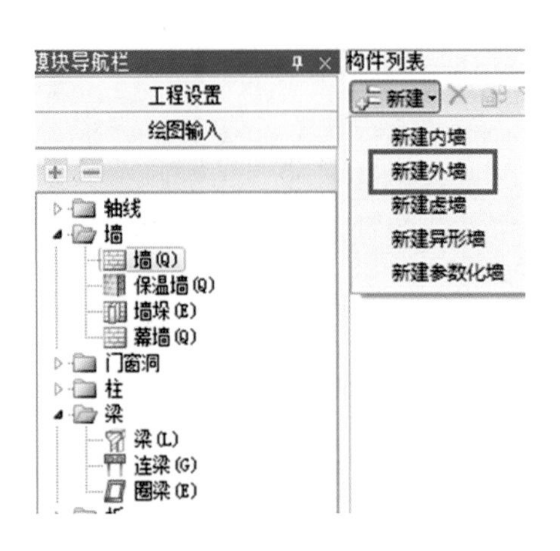

图6.1.1

图6.1.2

(2) 根据图纸，单击定义界面右边的“查询匹配清单”选择女儿墙的实体项目清单和措施项目清单，单击“查询匹配定额”选择女儿墙的实体项目定额和措施项目定额，如图

6.1.3 所示，并填写项目特征，如图 6.1.4 所示。

	编码	类别	项目名称	项目特征	单位	工程	表达式说	措施	专业
1	− 010401003	项	实心砖墙		m^3	TJ	TJ<体积>	☐	建筑工程
2	A3-6	定	混水砖外墙 墙体厚度 1砖		m^3	TJ	TJ<体积>	☐	土

图 6.1.3

	特征	特征值	输出
1	砖品种、规格、强度等级	标准砖 240*115*53 MU10	☑
2	墙体类型	女儿墙	☑
3	砂浆强度等级、配合比	M7.5水泥石灰砂浆	☑

图 6.1.4

（3）双击“模块导航栏”中的“外墙”（或单击“外墙”，再单击绘图）进入女儿墙绘图界面，单击“矩形”，分别捕捉 1 轴和 C 轴相交点，4 轴和 A 轴相交点绘制女儿墙，如图 6.1.5 所示。再进行修改，任意选中相交两堵墙，单击右键选择“偏移”，如图 6.1.6 所示，然后用鼠标往外拉伸，输入偏移量“130”，如图 6.1.7 所示，按回车键确定，弹出“是否要删除原来的图元”，单击“是”。最后进行延伸，单击“延伸”，放大第一个相交位置，任意选择一堵墙作为延伸边界线参照，再单击要延伸的墙，右键确认，如图 6.1.8 所示，并对其余三个相交位置进行延伸，如图 6.1.9 所示。

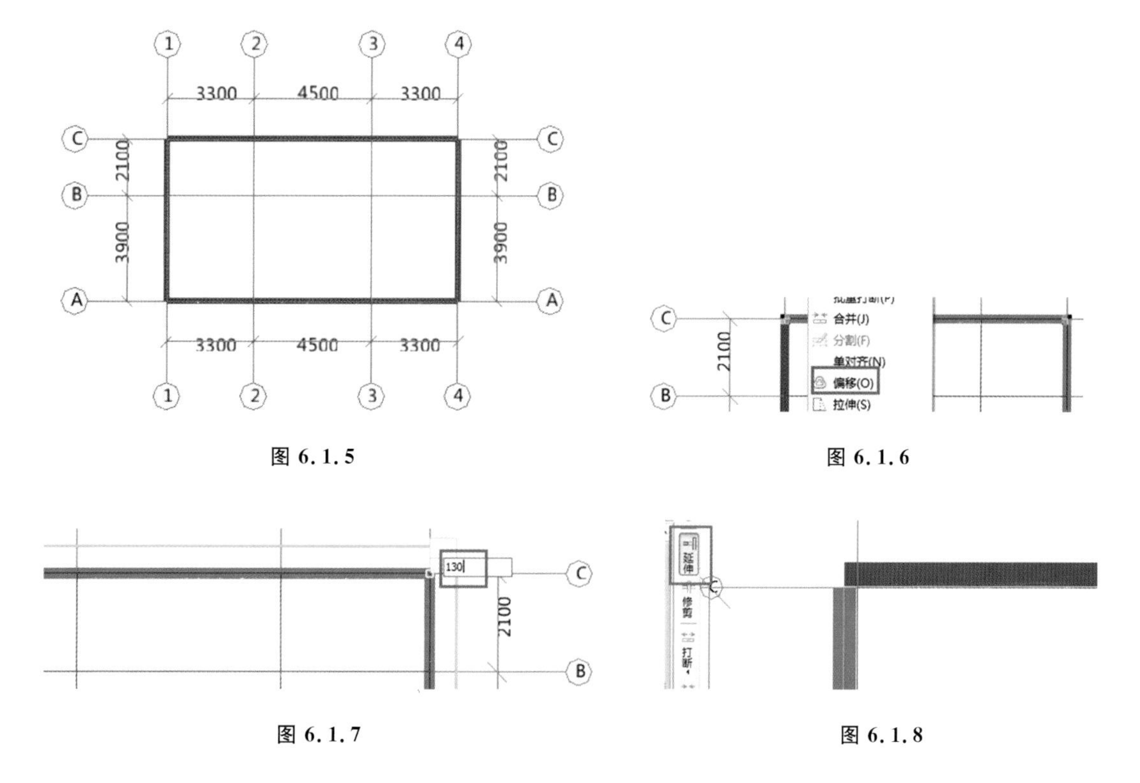

图 6.1.5

图 6.1.6

图 6.1.7

图 6.1.8

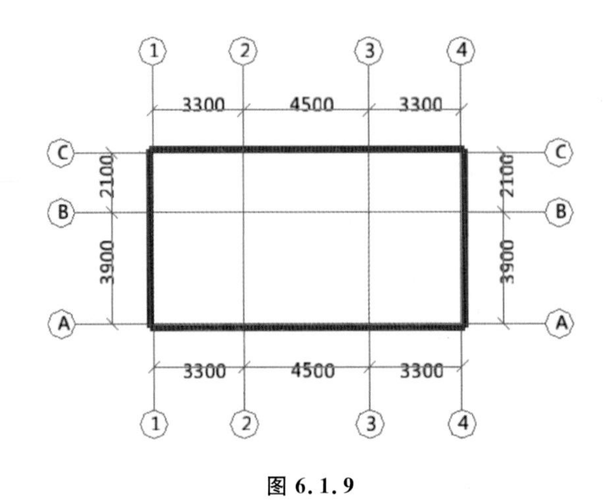

图 6.1.9

6.2 构造柱的定义及绘制

（1）双击“模块导航栏”中的“构造柱”（或单击“构造柱”，再单击定义）进入构造柱定义界面，单击构件列表中的“新建”，选择“新建矩形构造柱”，如图 6.2.1 所示，在“属性编辑框”中填写构造柱属性，如图 6.2.2 所示。

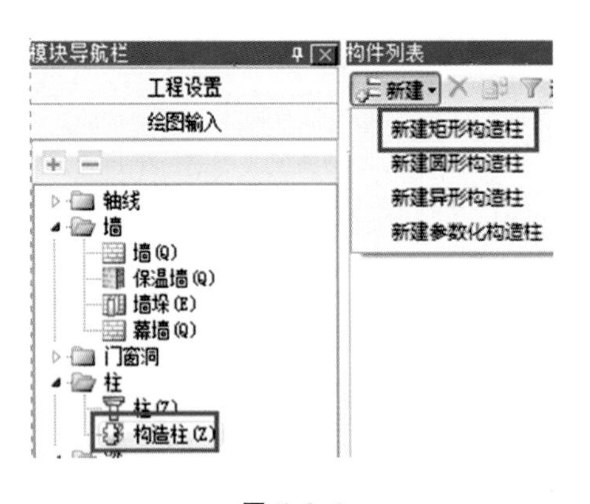

图 6.2.1

图 6.2.2

（2）根据图纸，单击定义界面右边的“查询匹配清单”选择构造柱的实体项目清单和措施项目清单，单击“查询匹配定额”选择构造柱的实体项目定额和措施项目定额，如图 6.2.3 所示，并填写项目特征，如图 6.2.4 所示。

	编码	类别	项目名称	项目特征	单位	工程	表达式说	措施	专业
1	010502002	项	构造柱		m³	TJ	TJ<体积>	☐	建筑工程
2	A4-6	定	构造柱		m³	TJ	TJ<体积>	☐	土
3	011702003	项	构造柱		m²	MBMJ	MBMJ<模板面积>	☑	建筑工程
4	A21-14	定	矩形柱模板(周长m) 支模高度3.6m内 1.2内		m²	MBMJ	MBMJ<模板面积>	☑	土

图 6.2.3

	特征	特征值	输出
1	混凝土种类	普通商品混凝土 碎石粒径20石	☑
2	混凝土强度等级	C25	☑

图 6.2.4

(3) 双击“模块导航栏”中的“构造柱”(或单击“构造柱”,再单击绘图)进入构造柱绘图界面,单击“点”,绘制1轴和C轴位置的构造柱,按住Shift键的同时捕捉2轴与C轴相交点,输入偏移量,如图6.2.5所示,并绘制其他位置构造柱。

图 6.2.5

6.3 压顶的定义及绘制

(1) 双击“模块导航栏”中的“圈梁”(或单击“圈梁”,再单击定义)进入压顶定义界面,单击构件列表中的“新建”,选择“新建矩形圈梁”,如图6.3.1所示,在“属性编辑框”中填写压顶属性,如图6.3.2所示。

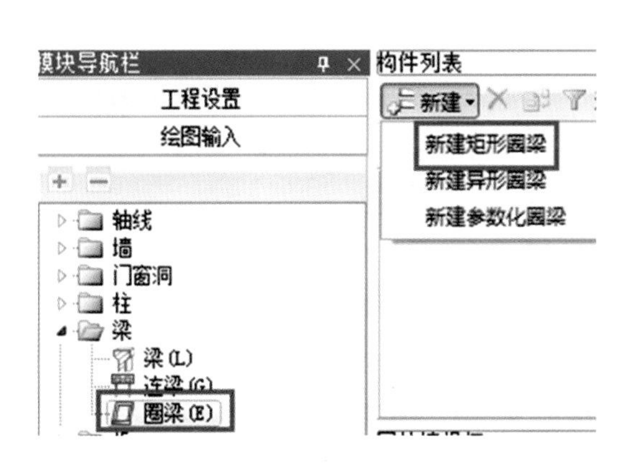

图 6.3.1

图 6.3.2

(2) 根据图纸,单击定义界面右边的“查询清单库”,通过条件查询选择压顶的实体项目清单,如图6.3.3所示,措施项目清单如图6.3.4所示,单击“查询定额库”选择压顶的实体项目定额和措施项目定额,如图6.3.5所示,并进行修改单位,工程量表达式如图6.3.6所示,填写实体清单项目特征,如图6.3.7所示,填写措施清单项目特征,如图6.3.8所示。

查询匹配清单 查询匹配定额 查询清单库 查询匹配外部清单 查询措施 查询定额库 项目特征

章节查询 条件查询

名称 压顶

编码

查询 清除条件

	编码	清单项	单位
1	010507005	扶手、压顶	m/m^3
2	040303016	混凝土挡墙压顶	m^3
3	041102018	压顶模板	m^2
4	080401004	混凝土圈梁、过梁(反梁、压顶)	m^3

图 6.3.3

查询匹配清单 查询匹配定额 查询清单库 查询匹配外部清单 查询措施 查询定额库 项目特征

章节查询 条件查询

名称 其他

编码

查询 清除条件

	编码	清单项	单位
9	011611005	其他金属构件拆除	t/m
10	011702020	其他板	m^2
11	011702025	其他现浇构件	m^2
12	020102005	其他砖贴面	m^2
13	020108010	壁(墙)其他小件	份/个
14	020110031	其他配件	块/个
15	020206013	其他古式石构件	块/只/个/m^3
16	020405007	其他古式构件	m^3/m^2/m

图 6.3.4

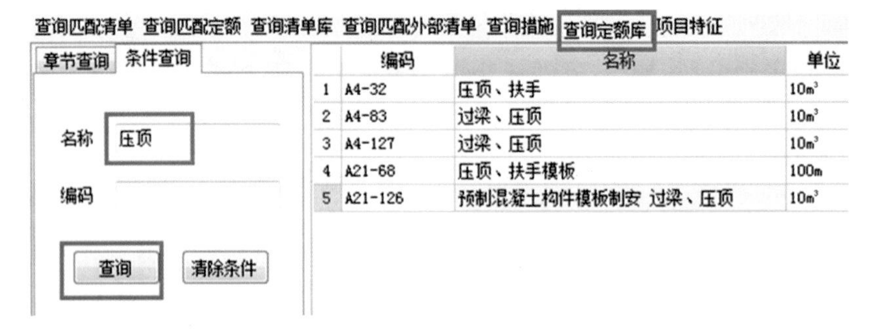

查询匹配清单 查询匹配定额 查询清单库 查询匹配外部清单 查询措施 查询定额库 项目特征

章节查询 条件查询

名称 压顶

编码

查询 清除条件

	编码	名称	单位
1	A4-32	压顶、扶手	$10m^3$
2	A4-83	过梁、压顶	$10m^3$
3	A4-127	过梁、压顶	$10m^3$
4	A21-68	压顶、扶手模板	100m
5	A21-126	预制混凝土构件模板制安 过梁、压顶	$10m^3$

图 6.3.5

	编码	类别	项目名称	项目特征	单位	工程	表达式说	措施	专业
1	010507005	项	扶手、压顶		m^3	TJ	TJ<体积>	☐	建筑工程
2	A4-32	定	压顶、扶手		m^3	MBMJ	MBMJ<模板面积>	☐	土
3	011702025	项	其他现浇构件		m^2	MBMJ	MBMJ<模板面积>	☑	建筑工程
4	A21-68	定	压顶、扶手模板		m	LJC*2	LJC<梁净长>*2	☑	土

图 6.3.6

	特征	特征值	输出
1	断面尺寸	300mm*60mm	☑
2	混凝土种类	普通商品混凝土 碎石粒径20石	☑
3	混凝土强度等级	C25	☑

图 6.3.7

	特征	特征值	输出
1	构件类型	压顶	☑

图 6.3.8

（3）双击“模块导航栏”中的“圈梁”（或单击“圈梁”，再单击绘图）进入压顶绘图界面，单击“智能布置”，选择“墙中心线”绘制压顶，框选女儿墙，右键确认，如图 6.3.9 所示。

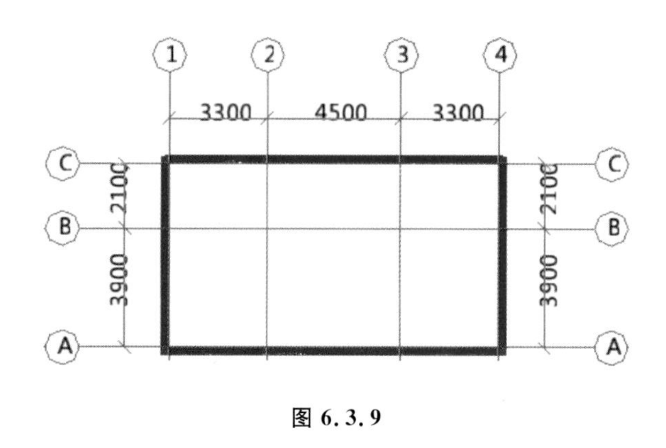

图 6.3.9

6.4　屋面的定义及绘制

（1）双击“模块导航栏”中的“屋面”（或单击“屋面”，再单击定义）进入屋面定义界面，单击构件列表中的“新建”，选择“新建屋面”，如图 6.4.1 所示，在“属性编辑框”中填写屋面属性，如图 6.4.2 所示。

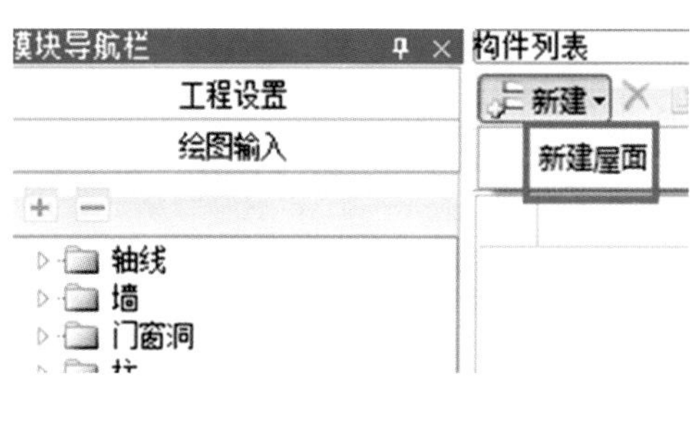

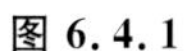
图 6.4.1

图 6.4.2

（2）根据图纸，单击定义界面右边的“查询匹配清单”选择屋面的防水和保温实体项目清单，单击“查询清单库”，条件查询“找平”选择屋面的找平层清单，如图 6.4.3 所示。单击“查询定额库”选择屋面的防水定额，如图 6.4.4 所示，保温定额如图 6.4.5 所示，找平定额如图 6.4.6 所示。修改工程量表达式如图 6.4.7 所示，并填写防水清单项目特征，如图 6.4.8 所示。填写保温项目特征，如图 6.4.9 所示。填写找平项目特征，如图 6.4.10 所示。

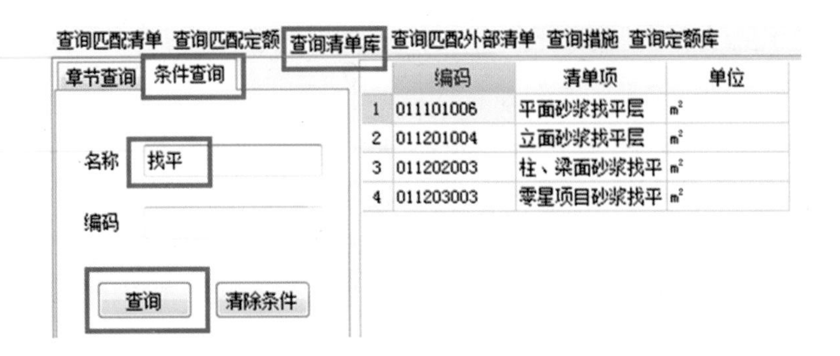

图 6.4.3

图 6.4.4

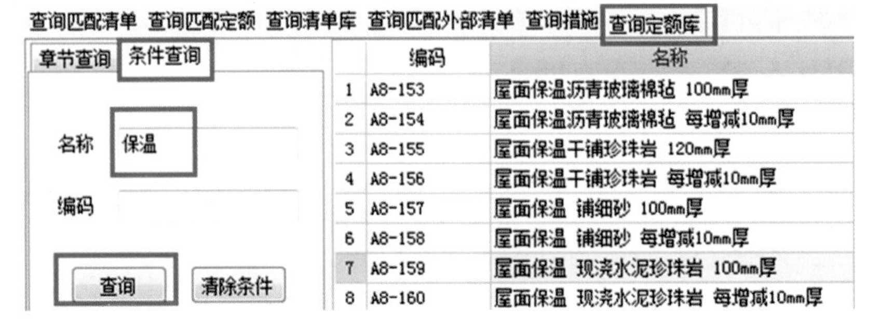

图 6.4.5

查询匹配清单 查询匹配定额 查询清单库 查询匹配外部清单 查询措施 查询定额库

章节查询 条件查询

名称 找平

编码

查询 清除条件

	编码	名称
1	A9-1	楼地面水泥砂浆找平层 混凝土或硬基层上
2	A9-2	楼地面水泥砂浆找平层 填充材料上 20mm
3	A9-3	楼地面水泥砂浆找平层 每增减5mm
4	A9-4	水泥砂浆找平层 楼梯 20mm
5	A9-5	水泥砂浆找平层 台阶 20mm
6	A9-6	楼地面沥青砂浆找平层 砼或硬基层上 厚度
7	A9-7	楼地面沥青砂浆找平层 填充材料上 厚度20
8	A9-8	楼地面沥青砂浆找平层 厚度每增减5mm

图 6.4.6

	编码	类别	项目名称	项目特征	单位	工程量	表达式说明	措施	专业
1	010902001	项	屋面卷材防水		m^2	FSMJ	FSMJ<防水面积>	☐	建筑工程
2	A7-57	定	屋面改性沥青防水卷材满铺 1.2mm厚		m^2	FSMJ	FSMJ<防水面积>	☐	土
3	A7-108	定	水泥砂浆二次抹压防水厚2.5cm		m^2	FSMJ	FSMJ<防水面积>	☐	土
4	011001001	项	保温隔热屋面		m^2	MJ	MJ<面积>	☐	建筑工程
5	A8-159	定	屋面保温 现浇水泥珍珠岩 100mm厚		m^2	MJ	MJ<面积>	☐	土
6	011101006	项	平面砂浆找平层		m^2	MJ	MJ<面积>	☐	建筑工程
7	A9-1	定	楼地面水泥砂浆找平层 混凝土或硬基层上 20mm		m^2	MJ	MJ<面积>	☐	饰
8	A9-2	定	楼地面水泥砂浆找平层 填充材料上 20mm		m^2	MJ	MJ<面积>	☐	饰

图 6.4.7

	特征	特征值	输出
1	卷材品种、规格、厚度	SBS卷材防水层上翻250mm	☑
2	防水层数	1：2水泥砂浆保护层10厚	☑
3	防水层做法	满铺	☑

图 6.4.8

	特征	特征值	输出
1	保温隔热材料品种、规格、厚度	1：10水泥珍珠岩保温层厚100mm	☑
2	隔气层材料品种、厚度		☐
3	粘结材料种类、做法		☐
4	防护材料种类、做法		☐

图 6.4.9

	特征	特征值	输出
1	找平层厚度、砂浆配合比	1：2水泥砂浆20厚找平层在填充料上　1：2水泥砂浆20厚找平层	☑

图 6.4.10

（3）双击“模块导航栏”中的“屋面”（或单击“屋面”，再单击绘图）进入屋面绘图界面，单击“点”，在绘图部位内单击左键，如图 6.4.11 所示，单击“定义屋面卷边”，选择“设置所有边”，如图 6.4.12 所示，单击绘制的屋面，右键确定，在弹出的输入框中输入参数“250”，单击“确定”按钮，如图 6.4.13 所示。

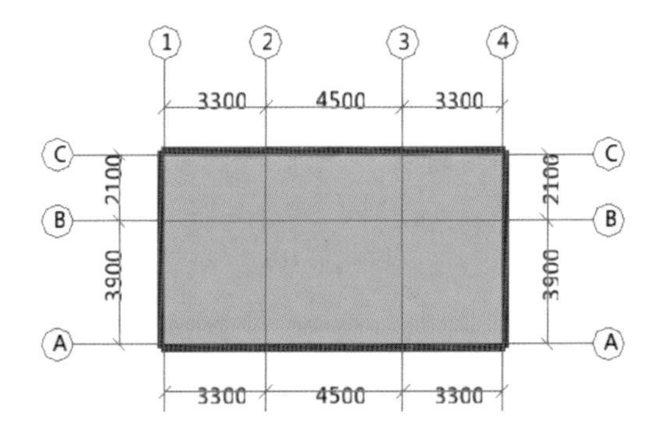

图 6.4.11

图 6.4.12

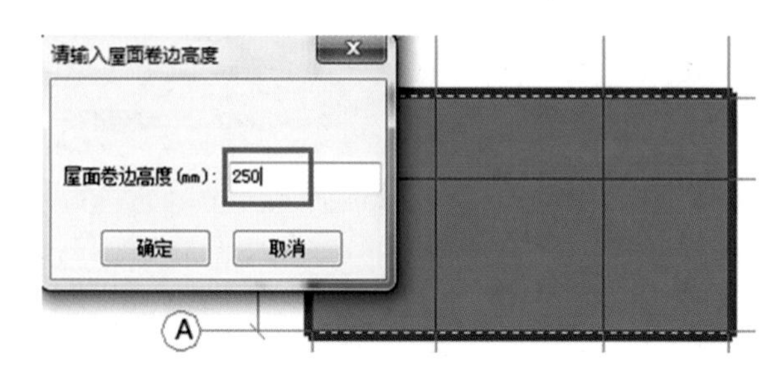

图 6.4.13

（4）定义绘制雨篷顶上防水。在楼层下拉菜单中选择“第 2 层”，双击“模块导航栏”中的“屋面”（或单击“屋面”，再单击定义）进入屋面定义界面，单击“从其他楼层复制构件”将屋面复制到第 2 层，如图 6.4.14 所示。

（5）修改屋面标高，如图 6.4.15 所示修改清单、定额和项目特征，如图 6.4.16 所示。

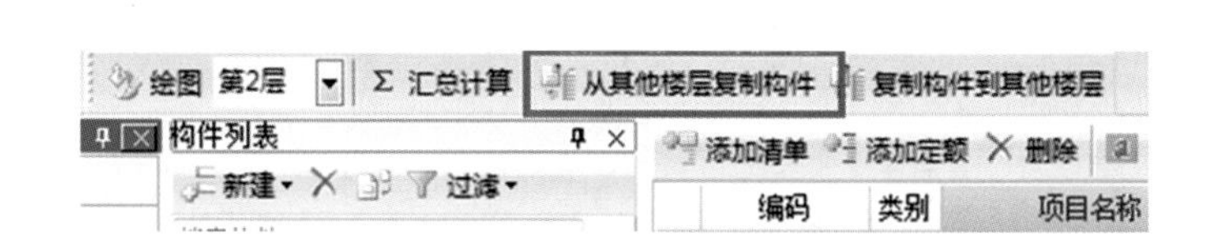

图 6.4.14

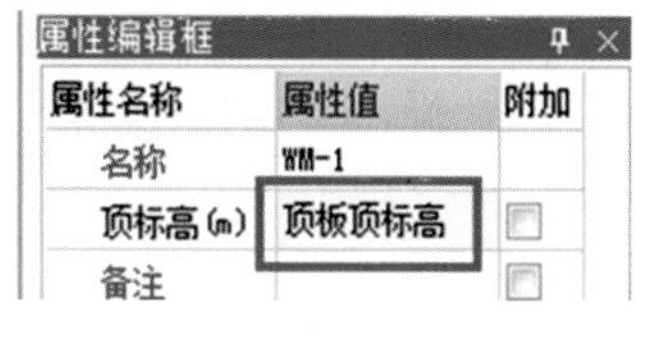

图 6.4.15

	编码	类别	项目名称	项目特征	单位	工程量	表达式说明	措施	专业
1	010902001	项	屋面卷材防水	1. 卷材品种、规格、厚度：SBS卷材防水层上翻250mm 2. 防水层做法：满铺	m^2	FSMJ	FSMJ<防水面积>	☐	建筑工程
2	A7-57	定	屋面改性沥青防水卷材 满铺 1.2mm厚		m^2	FSMJ	FSMJ<防水面积>	☐	土
3	011101006	项	平面砂浆找平层	1. 找平层厚度、砂浆配合比：1:2水泥砂浆20厚找平层	m^2	MJ	MJ<面积>	☐	建筑工程
4	A9-1	定	楼地面水泥砂浆找平层 混凝土或硬基层上 20mm		m^2	MJ	MJ<面积>	☐	饰

图 6.4.16

（6）双击“模块导航栏”中的“屋面”（或单击“屋面”，再单击绘图）进入屋面绘图界面，单击“点”，在绘图部位内单击左键，然后选择所绘制的两块屋面，单击右键，选择“合并”，单击“确定”按钮，如图 6.4.17 所示，并定义屋面卷边，选择“设置多边”，先选择女儿墙边，单击右键，在弹出的对话框中输入“250”，单击“确定”按钮，如图 6.4.18 所示，再选择栏板边，单击右键，在弹出的对话框中输入“200”，单击“确定”按钮，如图 6.4.19 所示。

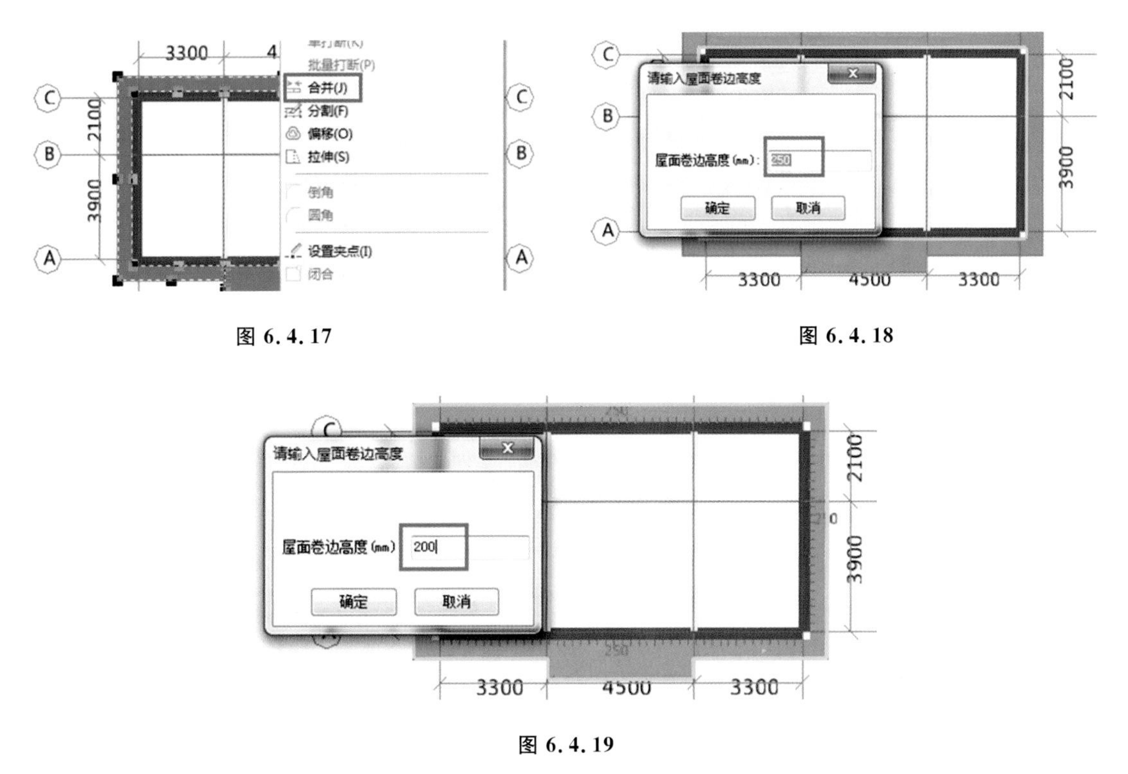

图 6.4.17

图 6.4.18

图 6.4.19

6.5　查看工程量

(1) 按快捷键 F9 汇总计算，然后单击“报表预览”中的“清单定额汇总表”查看实体项目工程量。

参考答案

序号	项目编码	项目名称	计量单位	工程量
1	010401003003	实心砖墙 1. 砖品种、规格、强度等级：标准砖 240×115×53 MU10 2. 墙体类型：女儿墙 3. 砂浆强度等级、配合比：M5 水泥石灰砂浆	m^3	4.2561
	A3-6	混水砖外墙，墙体厚度 1 砖	10 m^3	0.4256
2	010502002001	构造柱 1. 混凝土种类：普通商品混凝土，碎石粒径 20 石 2. 混凝土强度等级：C25	m^3	0.3387
	A4-6	构造柱	10 m^3	0.0339

续表

序号	项目编码	项目名称	计量单位	工程量
3	010507005001	扶手、压顶 1.断面尺寸:300 mm×60 mm 2.混凝土种类:普通商品混凝土,碎石粒径20石 3.混凝土强度等级:C25	m^3	0.6067
	A4-32	压顶、扶手	10 m^3	0.6343
4	010902001001	屋面卷材防水 1.卷材品种、规格、厚度:SBS卷材防水层上翻250 mm 2.防水层:1∶2水泥砂浆保护层10厚 3.防水层做法:满铺	m^2	75.5124
	A7-57	屋面改性沥青防水卷材,满铺1.2 mm	100 m^2	0.7551
	A7-108	水泥砂浆二次抹压防水厚25 mm	100 m^2	0.7551
5	010902001002	屋面卷材防水 1.卷材品种、规格、厚度:SBS卷材防水层上翻250 mm 2.防水层做法:满铺	m^2	40.7724
	A7-57	屋面改性沥青防水卷材,满铺1.2 mm	100 m^2	0.4077
6	011001001001	保温隔热屋面 保温隔热材料品种、规格、厚度:1∶10水泥珍珠岩保温层厚100 mm	m^2	66.9424
	A8-159	屋面保温现浇水泥珍珠岩厚100 mm	100 m^2	0.6694
7	011101006001	平面砂浆找平层 找平层厚度、砂浆配合比:1∶2水泥砂浆20 mm找平层在填充料上1∶2水泥砂浆20 mm找平层	m^2	66.9424
	A9-1	楼地面水泥砂浆找平层混凝土或硬基层上20 mm	100 m^2	0.6694
	A9-2	楼地面水泥砂浆找平层,填充材料上20 mm	100 m^2	0.6694
8	011101006002	平面砂浆找平层 找平层厚度、砂浆配合比:1∶2水泥砂浆20 mm找平层	m^2	23.3784
	A9-1	楼地面水泥砂浆找平层,混凝土或硬基层上20 mm	100 m^2	0.2338

(2)单击措施项目,查看措施项目工程量。

参考答案

序号	项目编码	项目名称	计量单位	工程量
1	011702003001	构造柱	m^2	3.8016
	A21-14	矩形柱模板(周长m)支模高度3.6 m内1.2 m内	100 m^2	0.038
2	011702025001	其他现浇构件 构件类型:压顶	m^2	6.3432
	A21-68	压顶、扶手模板	100 m	0.6664

任务7　基础构件、挖基础土方的绘制

<table>
<tr><td colspan="2">能力训练任务或案例
通过学习和实操，完成项目(培训楼工程)任务：
1. 绘制基础、垫层、柱、模板、基坑基槽、回填土，自动生成各工程量；
2. 完成基础层的清单列项，并汇总计算出工程量。</td></tr>
<tr><td>能力(技能)目标
1. 正确定义并绘制基础、垫层、柱、模板、基坑基槽；
2. 正确定义并绘制回填土及平整场地；
3. 正确套用以上所绘制构件的清单做法，并汇总计算出工程量。</td><td>知识目标
1. 熟练识别图纸并进行构件定义；
2. 掌握基础、垫层、柱、模板、基坑基槽、回填土及平整场地的设置；
3. 掌握基础层的清单列项，并汇总计算出工程量；
4. 熟悉报表的查阅，以及每个报表的特点。</td></tr>
</table>

7.1　基础层柱、墙的复制

(1) 将当前楼层选择到基础层，在绘图界面下拉菜单“楼层”中选择“从其他楼层复制构件图元”，如图7.1.1所示，从首层复制柱、墙到基础层，如图7.1.2所示，单击“确定”按钮。

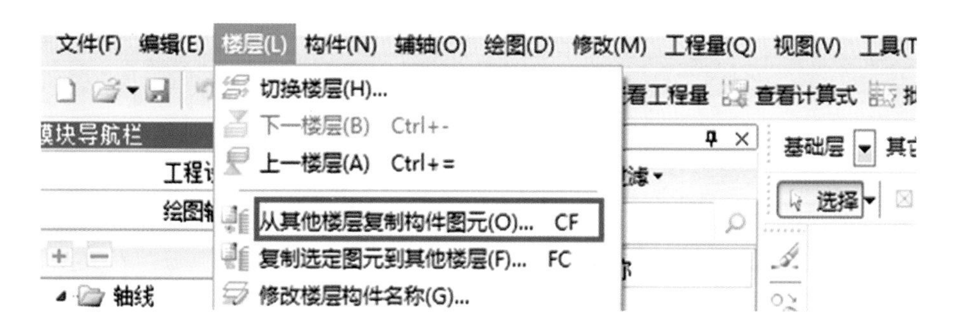

图7.1.1

(2) 双击“模块导航栏”中的“柱”(或单击“柱”，再单击定义)进入柱定义界面，修改所有柱的项目特征，如图7.1.3所示。

(3) 双击“模块导航栏”中的“墙”(或单击“墙”，再单击定义)进入墙定义界面，修改所有墙的清单、定额和项目特征，如图7.1.4所示。

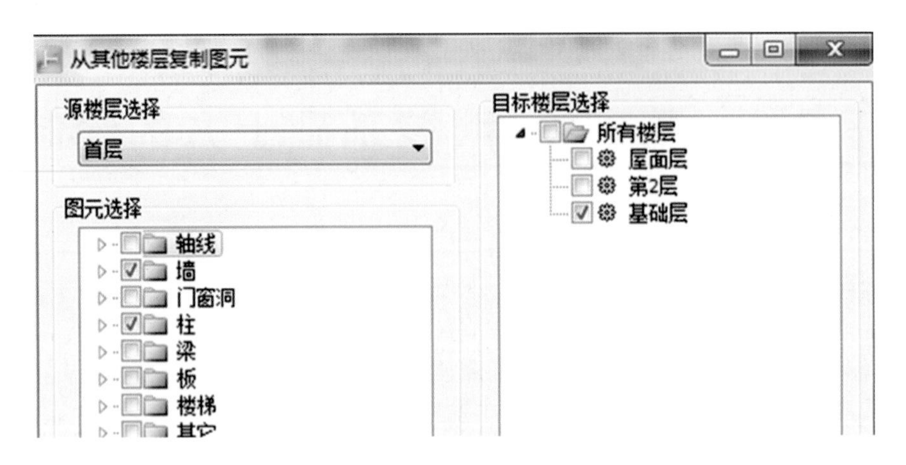

图 7.1.2

	编码	类别	项目名称	项目特征	单位	工程量	表达式说明	措施	专业
1	010502001	项	矩形柱	1. 混凝土种类：普通商品混凝土 碎石粒径20石 2. 混凝土强度等级：C30	m³	TJ	TJ<体积>	☐	建筑工程
2	A4-5	定	矩形、多边形、异形、圆形柱		m³	TJ	TJ<体积>	☐	土
3	011702002	项	矩形柱		m²	MBMJ	MBMJ<模板面积>	☑	建筑工程
4	A21-16	定	矩形柱模板(周长m) 支模高度3.6m内 1.8m外		m²	MBMJ	MBMJ<模板面积>	☑	土

图 7.1.3

	编码	类别	项目名称	项目特征	单位	工程量	表达式说	措施	专业
1	010401001	项	砖基础	1. 砖品种、规格、强度等级：标准砖 240*115*53 MU10 2. 基础类型：满堂基础 3. 砂浆强度等级：M7.5水泥砂浆	m³	TJ	TJ<体积>	☐	建筑工程
2	A3-1	定	砖基础		m³	TJ	TJ<体积>	☐	土

图 7.1.4

7.2 基础梁的定义及绘制

(1) 双击“模块导航栏”中的“基础梁”(或单击“基础梁”，再单击定义)进入基础梁定义界面，单击构件列表中的“新建”，如图 7.2.1 所示。

(2) 根据图纸，单击“新建矩形基础梁”，在下方的“属性编辑框”中，填写基础梁 JKL-1 的信息，如图 7.2.2 所示。

(3) 根据图纸，单击定义界面右边的“查询清单库”选择实体项目清单和措施项目清单，如图 7.2.3 所示，单击“查询定额库”选择实体项目定额和措施项目定额，如图 7.2.4 所示，并选择工程量表达式，如图 7.2.5 所示，填写实体清单项目特征，如图 7.2.6 所示，填写措施清单项目特征，如图 7.2.7 所示。

图 7.2.1

属性编辑框

属性名称	属性值	附加
名称	JL-1	
类别	基础主梁	☐
材质	商品混凝土	☐
砼标号	(C30)	☐
砼类型	(混凝土20石)	☐
截面宽度(	500	☐
截面高度(	500	☐
截面面积(m	0.25	☐
截面周长(m	2	☐
起点顶标高	基础底标高加梁高	☐
终点顶标高	基础底标高加梁高	☐

图 7.2.2

查询匹配清单　查询匹配定额　查询清单库　查询匹配外部清单　查询措施　查询定额库　项目特

章节查询　条件查询

名称　基础

编码

查询　清除条件

	编码	清单项	单位
1	010401001	砖基础	m³
2	010403001	石基础	m³
3	010501002	带形基础	m³
4	010501003	独立基础	m³
5	010501004	满堂基础	m³
6	010501005	桩承台基础	m³
7	010501006	设备基础	m³
8	010503001	基础梁	m³
9	011702001	基础	m²

图 7.2.3

查询匹配清单　查询匹配定额　查询清单库　查询匹配外部清单　查询措施　查询定额库　项目特征

章节查询　条件查询

名称　基础

编码

查询　清除条件

	编码	名称	单位
1	A3-1	砖基础	10m³
2	A3-81	砌石基础 毛石	10m³
3	A3-82	砌石基础 粗料石	10m³
4	A4-1	毛石混凝土基础	10m³
5	A4-2	其他混凝土基础	10m³
6	A4-8	基础梁	10m³
7	A21-1	带形基础模板 无筋	100m²
8	A21-2	带形基础模板 有筋	100m²

图 7.2.4

	编码	类别	项目名称	项目特征	单位	工程量	表达式说	措施	专业
1	010501004	项	满堂基础		m³	TJ	TJ<体积>	☐	建筑工程
2	A4-2	定	其他混凝土基础		m³	TJ	TJ<体积>	☐	土
3	011702001	项	基础		m²	MBMJ	MBMJ<模板面积>	☑	建筑工程
4	A21-6	定	满堂基础模板 有梁式		m²	MBMJ	MBMJ<模板面积>	☑	土

图 7.2.5

	特征	特征值	输出
1	混凝土种类	普通商品混凝土 碎石粒径20石	☑
2	混凝土强度等级	C30	☑

图 7.2.6

	特征	特征值	输出
1	基础类型	有梁满堂基础	☑

图 7.2.7

（4）新建 JKL-2、JKL-3、JKL-4，数据如表 7.2.1 所示。

表 7.2.1

序　号	构件名称	混凝土强度等级	截面尺寸	顶　标　高
1	JKL-2	C30 商品混凝土	500 mm×500 mm	基础底标高加梁高
2	JKL-3	C30 商品混凝土	240 mm×500 mm	基础底标高加梁高
3	JKL-4	C30 商品混凝土	240 mm×500 mm	基础底标高加梁高

（5）双击“模块导航栏”中的“基础梁”（或单击“基础梁”，再单击绘图）进入基础梁绘图界面，在下拉菜单中选择“JKL1”，单击“直线”，绘制基础梁 JKL-1，如图 7.2.8 所示，并绘制其他基础梁，如图 7.2.9 所示。

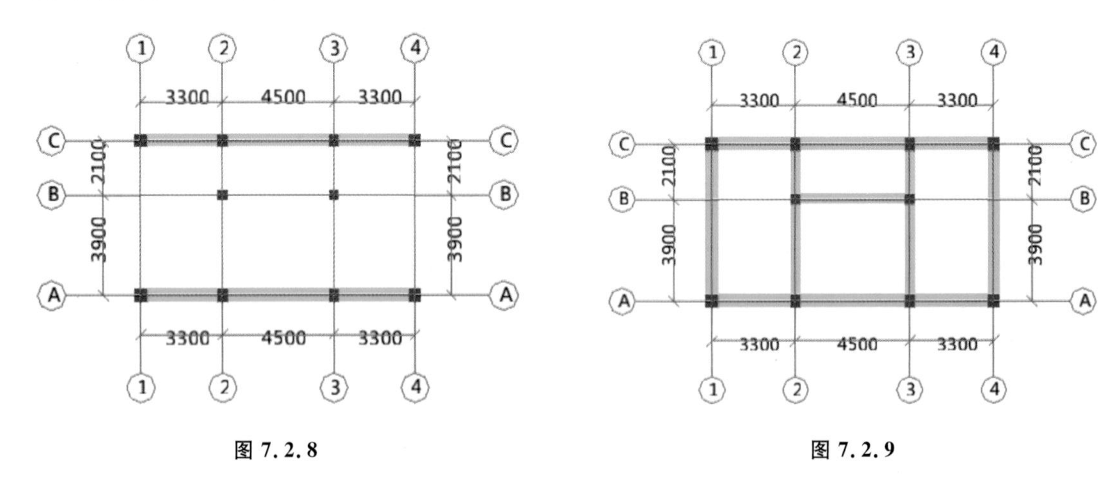

图 7.2.8　　图 7.2.9

7.3　基础的定义及绘制

（1）双击“模块导航栏”中的“基础”（或单击“基础”，再单击定义）进入筏板基础定义界面，单击构件列表中的“新建”，如图 7.3.1 所示。

（2）根据图纸，单击“新建筏板基础”，在下方的“属性编辑框”中，填写筏板的信息，如图 7.3.2 所示。

（3）根据图纸，单击定义界面右边的“查询匹配清单”选择筏板基础的实体项目清单和措施项目清单，单击“查询匹配定额”选择筏板基础的实体项目定额和措施项目定额，

图 7.3.1

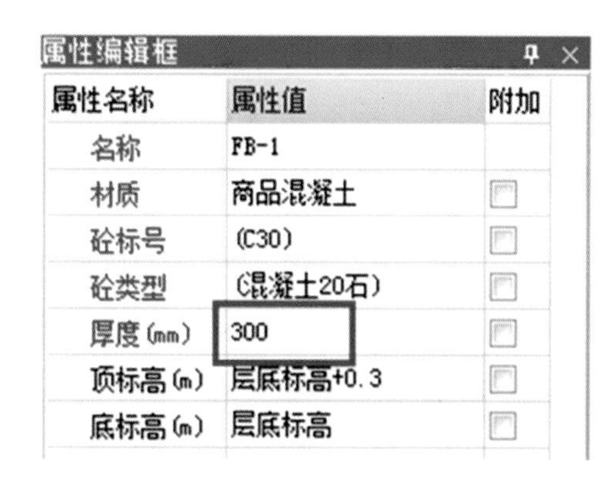

图 7.3.2

如图 7.3.3 所示，并填写实体清单项目特征，如图 7.3.4 所示，填写措施清单项目特征，如图 7.3.5 所示。

	编码	类别	项目名称	项目特征	单位	工程量	表达式说	措施	专业
1	010501004	项	满堂基础		m^3	TJ	TJ<体积>	☐	建筑工程
2	A4-2	定	其他混凝土基础		m^3	TJ	TJ<体积>	☐	土
3	011702001	项	基础		m^2	MBMJ	MBMJ<模板面积>	☑	建筑工程
4	A21-6	定	满堂基础模板 有梁式		m^2	MBMJ	MBMJ<模板面积>	☑	土

图 7.3.3

	特征	特征值	输出
1	基础类型	有梁满堂基础	☑

图 7.3.4

	特征	特征值	输出
1	混凝土种类	普通商品混凝土 碎石粒径20石	☑
2	混凝土强度等级	C30	☑

图 7.3.5

(4) 双击“模块导航栏”中的“筏板基础”(或单击“筏板基础”，再单击绘图)进入筏板基础绘图界面，单击“矩形”，第一点捕捉 1 轴与 C 轴相交点，第二点捕捉 4 轴与 A 轴相交点，绘制筏板基础，如图 7.3.6 所示，单击选择绘制好的“筏板”，右键选择“偏移”，如图 7.3.7 所示。

(5) 单击“确定”按钮，弹出“请选择偏移方式”对话框，选择“整体偏移”，如图 7.3.8 所示，鼠标往筏板外边拖动，输入偏移值“500”，单击“确定”按钮，如图 7.3.9 所示。

(6) 选择绘图区域右上方的“设置所有边坡”，选择“边坡节点 3”对筏板基础的边坡进行设置，如图 7.3.10 所示，置完成后单击“确定”按钮，完成边坡设置。

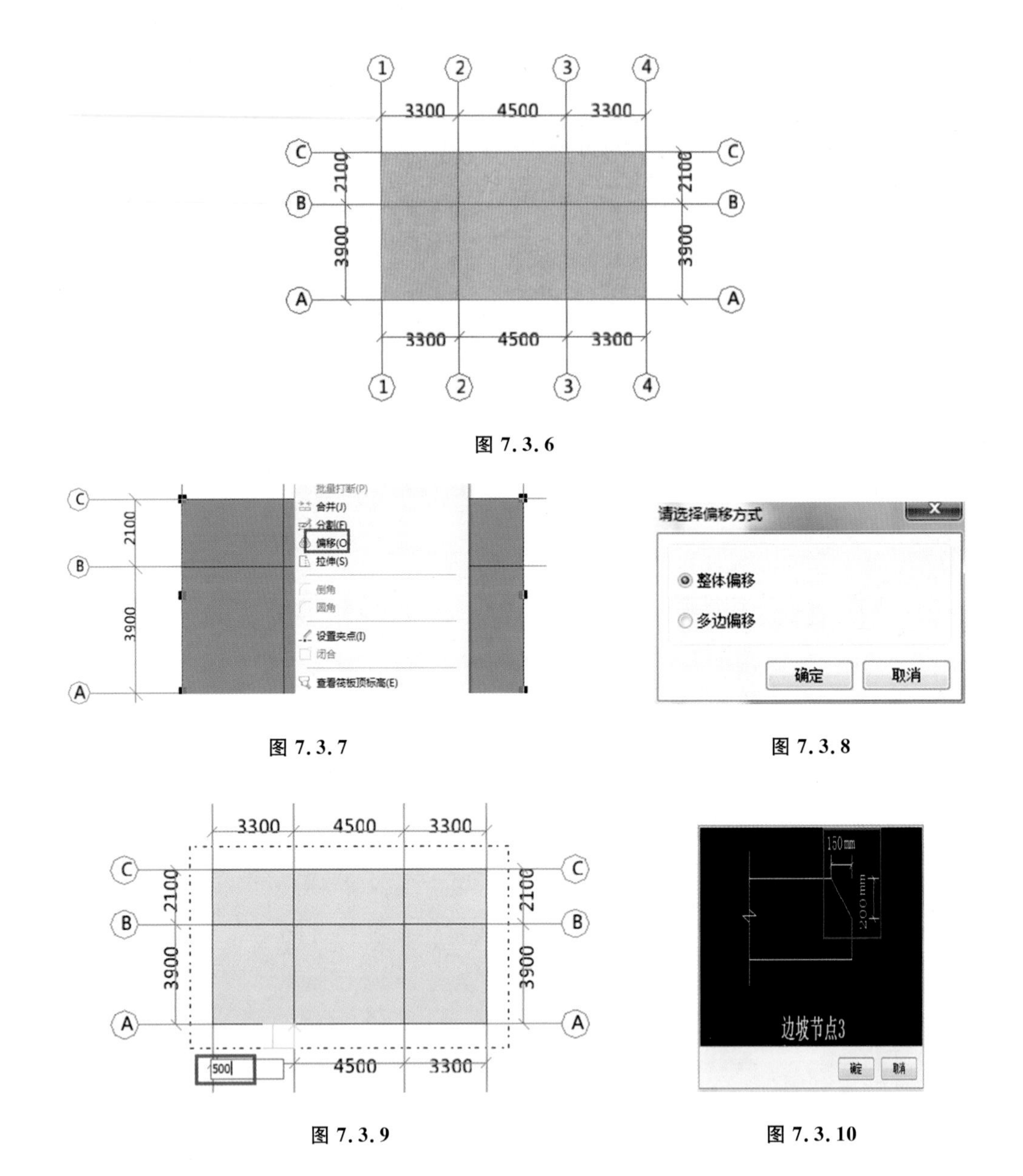

图 7.3.6

图 7.3.7

图 7.3.8

图 7.3.9

图 7.3.10

7.4 基础垫层、挖基础土方的定义及绘制

(1) 双击“模块导航栏”中的“垫层”(或单击“垫层”，再单击定义)进入垫层定义界面，单击构件列表中的“新建”，如图 7.4.1 所示。

(2) 根据图纸，单击“新建面式垫层”，在下方的“属性编辑框”中，填写垫层的信息，如图 7.4.2 所示。

(3) 根据图纸，单击定义界面右边的“查询匹配清单”选择垫层的实体项目清单和措施项目清单，单击“查询匹配定额”选择垫层的实体项目定额和措施项目定额，如图 7.4.3 所示，并填写项目特征，如图 7.4.4 所示。

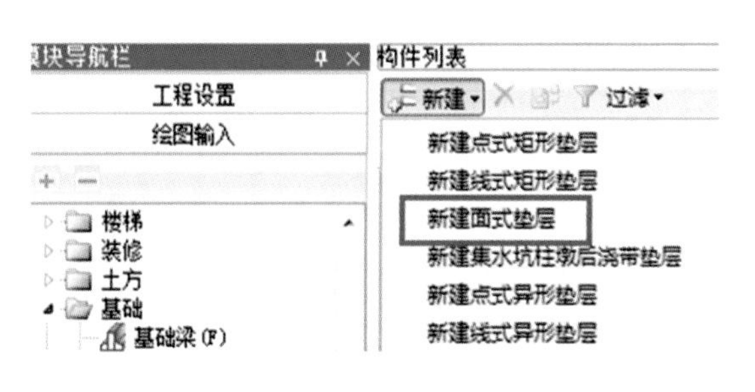

图 7.4.1

属性编辑框

属性名称	属性值	附加
名称	DC-1	
材质	商品混凝土C15	☐
砼标号	(C15)	☐
砼类型	(混凝土20石)	☐
形状	面型	☐
厚度(mm)	100	☐
顶标高(m)	基础底标高	☐

图 7.4.2

	编码	类别	项目名称	项目特征	单位	工程量	表达式说	措施	专业
1	010501001	项	垫层		m³	TJ	TJ<体积>	☐	建筑工程
2	A4-58	定	混凝土垫层		m³	TJ	TJ<体积>	☐	土

图 7.4.3

	特征	特征值	输出
1	混凝土种类	普通商品混凝土 碎石粒径20石	☑
2	混凝土强度等级	C15	☑

图 7.4.4

(4) 双击“模块导航栏”中的“垫层”(或单击“垫层”,再单击绘图)进入垫层绘图界面,单击“智能布置”,选择筏板,如图 7.4.5 所示,单击筏板,单击右键,弹出“请输入出边距离”对话框,输入出边距离值“100”,如图 7.4.6 所示,绘制垫层,如图 7.4.7 所示。

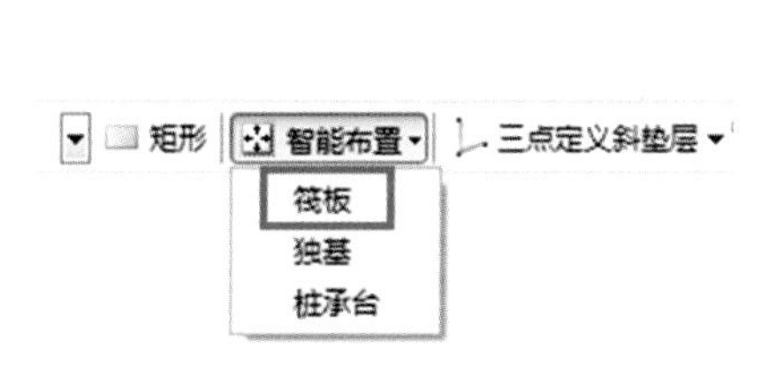

图 7.4.5

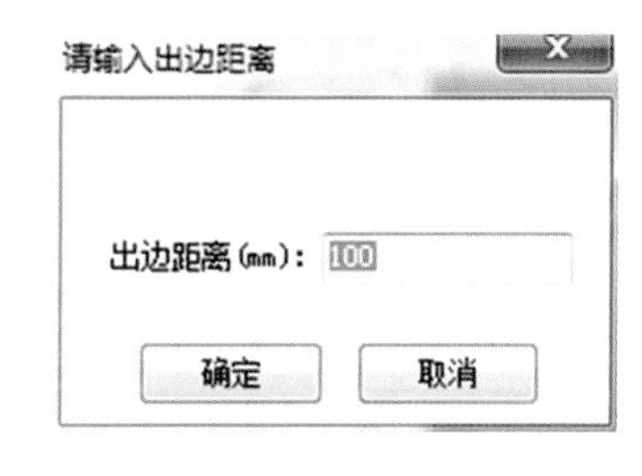

图 7.4.6

(5) 筏板基础垫层完成后,选择绘图区域的右上方的“自动生成土方”,绘制挖基础土方、土方回填,如图 7.4.8、图 7.4.9 所示。

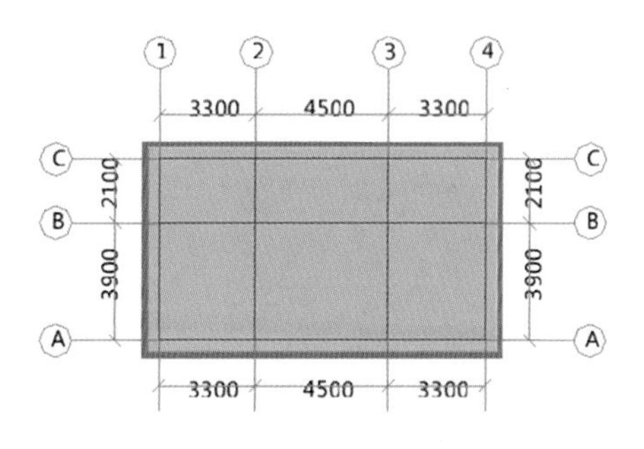

图 7.4.7

图 7.4.8

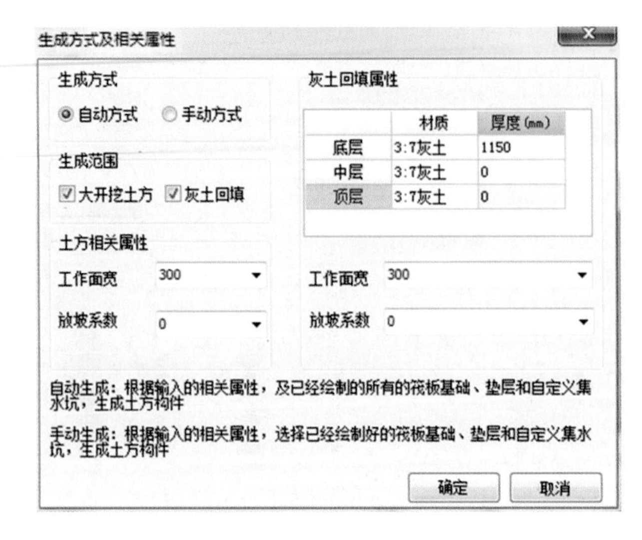

图 7.4.9

（6）生成方式及相关属性设置完成后，单击“确定”按钮，完成挖基础土方、土方回填绘制，如图 7.4.10 所示。

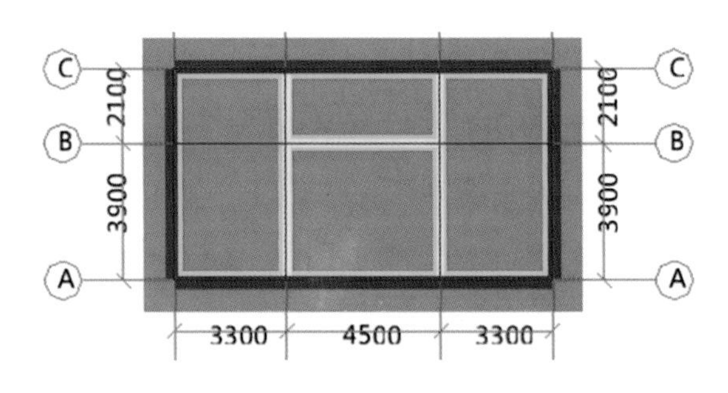

图 7.4.10

（7）完成挖基础土方、土方回填绘制后，双击“模块导航栏”中的“大开挖土方”（或单击“大开挖土方”，再单击定义）进入大开挖土方定义界面（由于挖基础土方和土方回填是自动生成，此时，在定义和属性中已有相关的信息存在），不需要修改。

（8）根据图纸，单击定义界面右边的“查询匹配清单”选择挖基础土方的实体项目清单，单击“查询匹配定额”选择挖基础土方的实体项目定额，如图 7.4.11 所示，并填写项目特征，如图 7.4.12 所示。

	编码	类别	项目名称	项目特征	单位	工程量	表达式说	措施	专业
1	010101002	项	挖一般土方		m³	TFTJ	TFTJ<土方体积>	□	建筑工程
2	A1-6	定	人工挖土方 三类土 深度在1.5m内		m³	TFTJ	TFTJ<土方体积>	□	土

图 7.4.11

	特征	特征值	输出
1	土壤类别	三类土	☑
2	挖土深度	1150mm	☑
3	弃土运距		☐

图 7.4.12

(9) 完成挖基础土方清单、定额匹配后，双击“模块导航栏”中的“大开挖灰土回填”(或单击“大开挖灰土回填”，再单击定义)进入大开挖灰土回填定义界面(由于挖基础土方和土方回填是自动生成，此时，在定义和属性中已有相关的信息存在)，不需要修改。

(10) 根据图纸，单击定义界面右边的“查询匹配清单”选择土方回填的实体项目清单，单击“查询匹配定额”选择土方回填的实体项目定额，如图 7.4.13 所示，并填写项目特征，如图 7.4.14 所示。

− 010103001	项	回填方	m^3	HTHTTJ	HTHTTJ<大开挖灰土回填体积>	☐	建筑工程
A1-145	定	回填土 人工夯实	m^3	HTHTTJ	HTHTTJ<大开挖灰土回填体积>	☐	土

图 7.4.13

	特征	特征值	输出
1	密实度要求		☐
2	填方材料品种		☐
3	填方粒径要求		☐
4	填方来源、运距	移挖作填	☑

图 7.4.14

7.5 查看工程量

(1) 按快捷键 F9 汇总计算，然后单击“报表预览”中的“清单定额汇总表”查看实体项目工程量。

参考答案

序号	项 目 编 码	项 目 名 称	计量单位	工程量
1	010101002001	挖一般土方 1. 土壤类别：三类土 2. 挖土深度：1150 mm	m^3	115.713
	A1-6	人工挖土方，三类土深度在 1.5m 内	100 m^3	1.1571
2	010103001001	回填方 填方来源、运距：移挖作填	m^3	25.464
	A1-145	回填土，人工夯实	100 m^3	0.2546

续表

序号	项目编码	项目名称	计量单位	工程量
3	010401001001	砖基础 1. 砖品种、规格、强度等级：标准砖 240×115×53 MU10 2. 基础类型：满堂基础 3. 砂浆强度等级：M7.5 水泥砂浆	m^3	14.601
	A3-1	砖基础	10 m^3	1.4601
4	010501001001	垫层 1. 混凝土种类：普通商品混凝土碎石粒径 20 石 2. 混凝土强度等级：C15	m^3	8.856
	A4-58	混凝土垫层	10 m^3	0.8856
5	010501004001	满堂基础 1. 混凝土种类：普通商品混凝土碎石粒径 20 石 2. 混凝土强度等级：C30	m^3	29.047
	A4-2	其他混凝土基础	10 m^3	2.9047
6	010502001002	矩形柱 1. 混凝土种类：普通商品混凝土碎石粒径 20 石 2. 混凝土强度等级：C30	m^3	2.544
	A4-5	矩形、多边形、异形、圆形柱	10 m^3	0.2544

（2）单击措施项目，查看措施项目工程量。

参考答案

序号	项目编码	项目名称	计量单位	工程量
1	011702001001	基础 基础类型：有梁满堂基础	m^2	32.46
	A21-6	满堂基础模板，有梁式	100 m^2	0.3246
2	011702002001	矩形柱	m^2	22.08
	A21-16	矩形柱模板（周长 m）支模高度 3.6 m 内 1.8 m 外	100 m^2	0.096
	A21-15	矩形柱模板（周长 m）支模高度 3.6 m 内 1.8 m 内	100 m^2	0.1248

任务8　绘制室内装修构件

<table>
<tr><td colspan="2">能力训练任务或案例
通过学习和实操，完成项目(培训楼工程)任务：
1. 识读图纸找出该工程装饰工程的做法；
2. 绘制楼地面工程、墙柱面工程、天棚工程。</td></tr>
<tr><td>能力(技能)目标
1. 正确识读图纸培训楼工程的装饰做法；
2. 正确定义楼地面、墙柱面、天棚等构件；
3. 正确使用不同的方法绘制装饰构件。</td><td>知识目标
1. 掌握装饰构件的定义及绘制；
2. 掌握不同的绘制方法；
3. 复习、掌握装饰工程清单列项及定额套用。</td></tr>
</table>

8.1　楼地面的定义

(1) 新建楼地面。双击“模块导航栏”中的“装修”，选择“楼地面”，单击构建列表中的“新建”，选择“新建楼地面”，进入楼地面定义界面，此时会显示一个构建名称为“DM-1”的构建，如图 8.1.1 所示。

图 8.1.1

(2) 属性编辑。根据图纸的设计总说明中的“装修做法”(见表 8.1.1)，首先绘制一层接待室的地面，根据装修做法表(见表 8.1.2)编辑“地 1”的属性，如图 8.1.2 所示。

表 8.1.1

<table>
<tr><th colspan="8">装修做法</th></tr>
<tr><th>楼层</th><th colspan="2">房间名称</th><th>地面</th><th>踢脚
120 mm</th><th>墙裙
1200 mm</th><th>墙面</th><th>天棚</th></tr>
<tr><td rowspan="4">一层</td><td colspan="2">接待室</td><td>地 1</td><td></td><td>裙 1</td><td>内墙 1</td><td>吊顶 1(吊顶高 3000)</td></tr>
<tr><td colspan="2">图形培训室</td><td>地 2</td><td>踢 1</td><td></td><td>内墙 1</td><td>棚 1</td></tr>
<tr><td colspan="2">钢筋培训室</td><td>地 2</td><td>踢 1</td><td></td><td>内墙 1</td><td>棚 1</td></tr>
<tr><td colspan="2">楼梯间</td><td>地 3</td><td>踢 2</td><td></td><td>内墙 1</td><td>棚 1</td></tr>
<tr><td rowspan="6">二层</td><td colspan="2">会客室</td><td>楼 1</td><td>踢 1</td><td></td><td>内墙 1</td><td>棚 1</td></tr>
<tr><td colspan="2">清单培训室</td><td>楼 2</td><td>踢 2</td><td></td><td>内墙 1</td><td>棚 1</td></tr>
<tr><td colspan="2">预算培训室</td><td>楼 2</td><td>踢 2</td><td></td><td>内墙 1</td><td>棚 1</td></tr>
<tr><td colspan="2">楼梯间</td><td></td><td></td><td></td><td>内墙 1</td><td>棚 1</td></tr>
<tr><td rowspan="2">阳台</td><td>内装修</td><td>楼 1</td><td colspan="3">阳台栏板:15 mm 厚 1∶2 水泥砂浆底
弹性彩石漆涂料面</td><td>阳台板底:棚 1</td></tr>
<tr><td>外装修</td><td colspan="5">阳台栏板外装修为:①15 mm 1∶2 水泥砂浆底;②绿色真石涂料,胶带条分格</td></tr>
<tr><td rowspan="3">三层</td><td rowspan="2">雨篷</td><td>内装修</td><td>见图纸
剖面图</td><td>外侧上翻 200
内侧上翻 250</td><td colspan="2">雨篷栏板:1∶2 水泥砂浆
弹性彩石漆涂料面</td><td>雨篷板底:棚 1</td></tr>
<tr><td>外装修</td><td colspan="5">雨篷栏板外装修为:①15 mm1∶2 水泥砂浆底;②绿色真石涂料,胶带条分格</td></tr>
<tr><td colspan="2">不上人屋面</td><td colspan="2">见图纸剖面图</td><td colspan="2">防水上翻 250</td><td>女儿墙内外装修:外墙 1</td></tr>
<tr><td rowspan="2">外墙
装修</td><td colspan="7">外墙裙 1:高 900 mm,1∶2.5 水泥砂浆贴 30×60 彩釉面砖(红色)</td></tr>
<tr><td colspan="7">外墙 1:1∶2.5 水泥砂浆贴 30×60 彩釉面砖(白色)</td></tr>
<tr><td>台阶</td><td colspan="7">面层:20 厚 1∶2 水泥砂浆;台阶混凝土 C20</td></tr>
<tr><td>散水</td><td colspan="7">面层:散水面层一次抹光;垫层:80 厚 C10 混凝土垫层;伸缩缝:沥青砂浆嵌缝</td></tr>
<tr><td>楼梯</td><td colspan="7">楼梯面做法:20 厚 1∶3 水泥砂浆找平,1∶2.5 水泥砂浆铺贴釉面砖,金属条防滑;
梯段侧面做法:15 厚 1∶2 水泥石灰砂浆底,2.5 厚石膏面;
踢脚做法:1∶2 水泥砂浆粘贴釉面砖;
楼梯栏杆:为不锈钢,栏杆不锈钢扶手,ϕ75;
楼梯板底做法:棚 1。</td></tr>
</table>

表 8.1.2

培训楼工程装修做法表		
编号	装修名称	用料及分层做法
地 1	硬实木复合地板地面	① 9 厚长条普通实木企口地板(A9-163)
		② 35 厚 C15 细石混凝土随打随抹平(A9-9＋A9-10)
		③ 1 厚 JS 防水涂料(A7-102-A7-103)
		④ 50 厚 C15 混凝土垫层(A4-58)
		⑤ 150 厚 3∶7 灰土(A4-74)
		⑥ 素土夯实,压实系数 0.90

属性编辑框

属性名称	属性值	附加
名称	地1	
块料厚度(	245	□
顶标高(m)	层底标高	□
是否计算防	是	□
备注		□
+ 计算属性		
+ 显示样式		

图 8.1.2

(3) 列清单、套定额。根据装修做法,单击“查询清单库”→“其他材料面层”→双击“竹、木(复合)地板”,如图 8.1.3 所示。填写项目特征,如图 8.1.4 所示。套用相应定额,如图 8.1.5 所示。

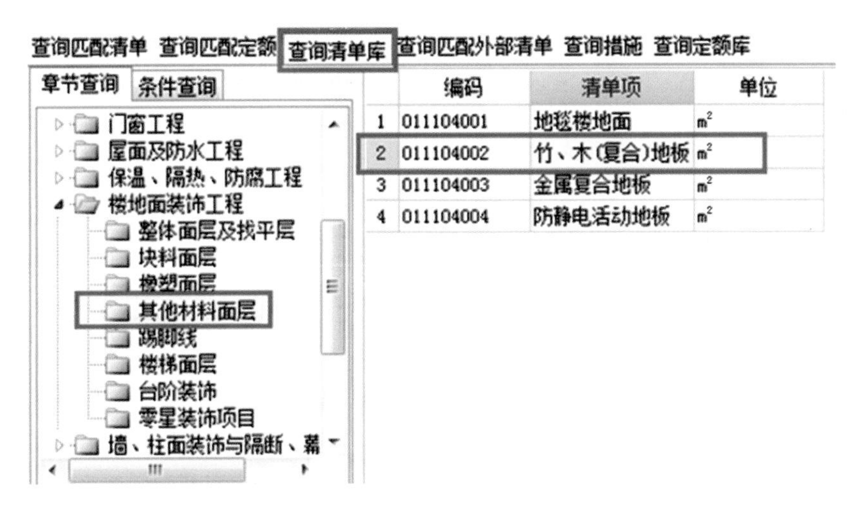

图 8.1.3

查询匹配清单 查询匹配定额 查询清单库 查询匹配外部清单 查询措施 查询定额库 项目特征

	特征	特征值
1	龙骨材料种类、规格、铺设间距	
2	基层材料种类、规格	150厚3：7灰土；50厚C15混凝土垫层；35厚C15细石混凝土随打随抹平；1厚JS防水涂料
3	面层材料品种、规格、颜色	9厚长条普通实木企口地板
4	防护材料种类	

图 8.1.4

	编码	类别	项目名称	项目特征	单位	工程量表达式
1	011104002	项	竹、木(复合)地板	1. 基层材料种类、规格：150厚3：7灰土；50厚C15混凝土垫层；35厚C15细石混凝土随打随抹平；1厚JS防水涂料 2. 面层材料品种、规格、颜色：9厚长条普通实木企口地板	m^2	DMJ
2	A9-163	定	复合木地板悬浮安装		m^2	DMJ
3	A9-9	定	细石混凝土找平层 30mm		m^2	DMJ
4	A7-102	定	屋面聚合物水泥（JS）防水涂料 涂膜2mm厚		m^2	SPFSMJ+LMFSMJ
5	A4-58	定	混凝土垫层		m^3	DMJ*0.05
6	A4-74	定	3:7灰土		m^3	DMJ*0.15

图 8.1.5

【注意】 此处选择的定额为装饰专业定额，界面默认为建筑工程专业定额，在界面的右下角进行专业定额库的切换，如图 8.1.6 所示。

图 8.1.6

8.2 墙裙的定义

(1) 新建墙裙。因为接待室的墙面做法为“裙 1”，双击“模块导航栏”中的“墙裙”，在构件列表中单击“新建”，选择“新建内墙裙”，如图 8.2.1 所示。在下方的“属性编辑框”中，填写墙裙的信息，如图 8.2.2 所示。

(2) 列清单、套定额。单击定义界面的“查询清单库”选择相应清单，单击“查询定额库”选择相应定额，如图 8.2.3 所示。

(3) 填写项目特征，如图 8.2.4 所示。

模块导航栏

工程设置

绘图输入

轴线
墙
门窗洞
柱
梁
板
楼梯
装修
房间(F)
楼地面(V)
踢脚(S)
墙裙(U)
墙面(W)
天棚(P)
吊顶(K)
独立柱装修

构件列表

新建　过滤

新建内墙裙

新建外墙裙

名称

图 8.2.1

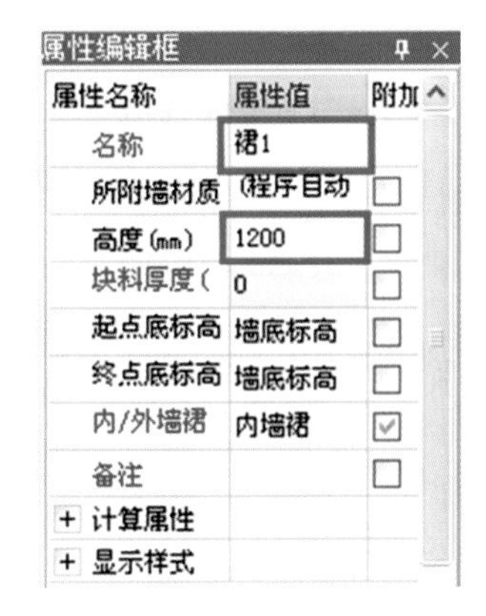

属性编辑框

属性名称	属性值	附加
名称	裙1	
所附墙材质	(程序自动	☐
高度(mm)	1200	☐
块料厚度(	0	☐
起点底标高	墙底标高	☐
终点底标高	墙底标高	☐
内/外墙裙	内墙裙	☑
备注		☐
+ 计算属性		
+ 显示样式		

图 8.2.2

	编码	类别	项目名称	项目特征	单位	工程量表达式	表达式说明
1	− 011207001	项	墙面装饰板	1. 龙骨材料种类、规格、中距：木龙骨(断面7.5cm2 木龙骨平均中距(mm以内) 300) 2. 隔离层材料种类、规格：2mmJS防水涂料 3. 基层材料种类、规格：1：2.5水泥砂浆墙面;三夹板基层 4. 面层材料品种、规格、颜色：红榉夹板面层(普通);油漆饰面(聚酯清漆三遍)	m²	QQKLMJ	QQKLMJ<墙裙块料面积>
2	A16-83	定	木材面亚光面漆底油、刮腻子、漆片二遍、聚氨酯清漆二遍、亚光面漆三遍 单层木门		m²	QQKLMJ	QQKLMJ<墙裙块料面积>
3	A10-199	定	饰面层 胶合板面		m²	QQKLMJ	QQKLMJ<墙裙块料面积>
4	A10-173	定	木龙骨 断面7.5cm² 木龙骨平均中距(mm以内) 300		m²	QQKLMJ	QQKLMJ<墙裙块料面积>
5	A10-196	定	龙骨上钉胶合板基层		m²	QQKLMJ	QQKLMJ<墙裙块料面积>
6	A7-102	定	屋面聚合物水泥(JS)防水涂料 涂膜2mm厚		m²	QQKLMJ	QQKLMJ<墙裙块料面积>
7	A10-1	定	底层抹灰 各种墙面 15mm		m²	QQMHMJZ	QQMHMJZ<墙裙抹灰面积(不分材质)>

图 8.2.3

查询匹配清单　查询匹配定额　查询清单库　查询匹配外部清单　查询措施　查询定额库　项目特征

	特征	特征值	输出
1	龙骨材料种类、规格、中距	木龙骨(断面7.5cm² 木龙骨平均中距(mm以内) 300)	☑
2	隔离层材料种类、规格	2mmJS防水涂料	☑
3	基层材料种类、规格	1：2.5水泥砂浆墙面;三夹板基层	☑
4	面层材料品种、规格、颜色	红榉夹板面层(普通);油漆饰面(聚酯清漆三遍)	☑
5	压条材料种类、规格		☐

图 8.2.4

8.3 墙面的定义

(1) 新建墙面。双击"模块导航栏"中的"墙面",在构件列表中单击"新建",选择"新建内墙面",进入墙面定义界面,如图 8.3.1 所示,在下方的"属性编辑框"中,填写"内墙1"的信息,如图 8.3.2 所示。

【注意】 *名称修改为"内墙 1",标高不需要修改,但要仔细理解四个标高的意思。*

图 8.3.1

图 8.3.2

(2) 列清单、套定额。根据装修做法表,单击定义界面的"查询清单库"选择相应清单,单击"查询定额库"选择相应定额,如图 8.3.3 所示。

	编码	类别	项目名称	项目特征	单位	工程量表达式
1	011201001	项	墙面一般抹灰	1. 墙体类型:砖墙 2. 底层厚度、砂浆配合比:10厚1:2:8混合砂浆打底 3. 面层厚度、砂浆配合比:3厚纸筋灰面 4. 装饰面材料种类:刷乳胶漆二遍	m²	QMMHMJ
2	A16-187	定	抹灰面乳胶漆 墙柱面二遍		m²	QMMHMJ
3	A10-11	定	各种墙面 水泥石灰砂浆底 纸筋灰面 15+3mm		m²	QMMHMJ

图 8.3.3

(3) 填写项目特征,如图 8.3.4 所示。

查询匹配清单 查询匹配定额 查询清单库 查询匹配外部清单 查询措施 查询定额库 项目特征

	特征	特征值	输出
1	墙体类型	砖墙	☑
2	底层厚度、砂浆配合比	10厚1:2:8混合砂浆打底	☑
3	面层厚度、砂浆配合比	3厚纸筋灰面	☑
4	装饰面材料种类	刷乳胶漆二遍	☑
5	分格缝宽度、材料种类		☐

图 8.3.4

8.4　天棚吊顶的定义

(1) 新建吊顶。双击“模块导航栏”中的“吊顶”，在构件列表中单击“新建”，选择“新建吊顶”，进入墙面定义界面，如图 8.4.1 所示，在下方的“属性编辑框”中，填写“吊顶 1”的信息，如图 8.4.2 所示。

图 8.4.1

图 8.4.2

(2) 列清单、套定额。根据图纸设计总说明中的装修做法表，单击定义界面的“查询匹配清单”选择清单，单击“查询定额库”选择相应定额，如图 8.4.3 所示。

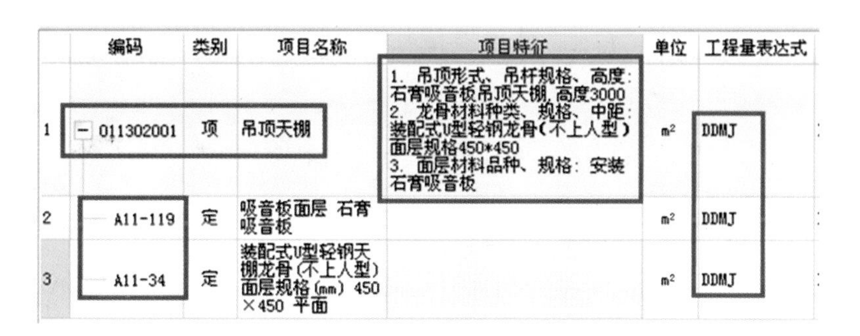

	编码	类别	项目名称	项目特征	单位	工程量表达式
1	− 011302001	项	吊顶天棚	1. 吊顶形式、吊杆规格、高度：石膏吸音板吊顶天棚，高度3000 2. 龙骨材料种类、规格、中距：装配式U型轻钢龙骨（不上人型）面层规格450*450 3. 面层材料品种、规格：安装石膏吸音板	m²	DDMJ
2	A11-119	定	吸音板面层 石膏吸音板		m²	DDMJ
3	A11-34	定	装配式U型轻钢天棚龙骨(不上人型) 面层规格(mm) 450×450 平面		m²	DDMJ

图 8.4.3

(3) 填写项目特征，如图 8.4.4 所示。

查询匹配清单　查询匹配定额　查询清单库　查询匹配外部清单　查询措施　查询定额库　项目特征

	特征	特征值	输出
1	吊顶形式、吊杆规格、高度	石膏吸音板吊顶天棚，高度3000	☑
2	龙骨材料种类、规格、中距	装配式U型轻钢龙骨（不上人型）面层规格450*450	☑
3	基层材料种类、规格		☐
4	面层材料品种、规格	安装石膏吸音板	☑
5	压条材料种类、规格		☐
6	嵌缝材料种类		☐
7	防护材料种类		☐

图 8.4.4

8.5 新建房间

（1）新建房间。双击“模块导航栏”中的“房间”，在构件列表中单击“新建”，选择“新建房间”，如图 8.5.1 所示，在下方的“属性编辑框”中，将“FJ-1”改名为“接待室”，如图 8.5.2 所示。

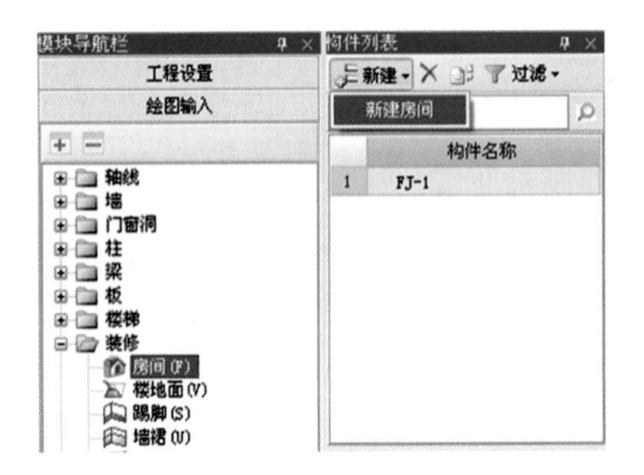

图 8.5.1

图 8.5.2

（2）添加房间依附构件。根据图纸设计总说明中的装修做法表，如表 8.5.1 所示，单击“接待室”→单击“添加依附构件”→选择接待室楼地面的做法“地 1”，如图 8.5.3 所示。

表 8.5.1

房间名称	地面	踢脚 120 mm	墙裙 1200 mm	墙面	天棚
接待室	地 1		裙 1	内墙 1	吊顶 1(吊顶高 3000)

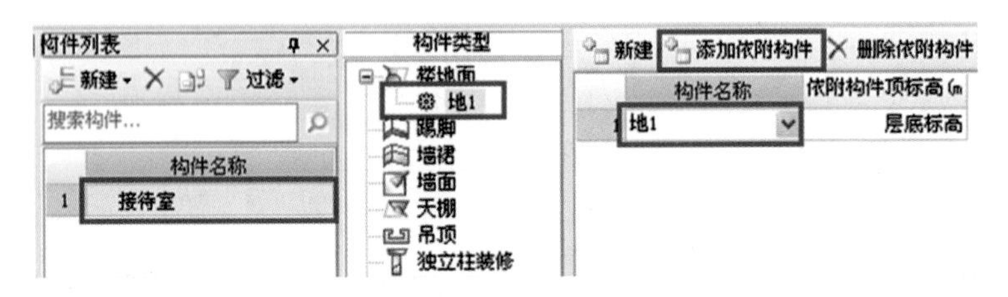

图 8.5.3

同理，选择“墙裙”、“墙面”、“吊顶”依次添加“裙 1”、“内墙 1”、“吊顶 1”依附构件，如图 8.5.4 所示。

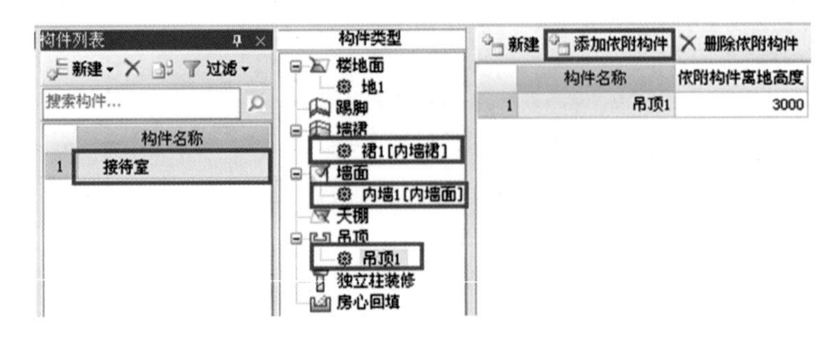

图 8.5.4

8.6　装饰构件的绘制

(1) 绘制“房间”。双击“模块导航栏”中的“房间”(或单击“房间”,再单击绘图)进入绘图界面,单击“点”,按图纸位置绘制房间“接待室”,如图 8.6.1 所示。绘制完成后,请查看三维图。

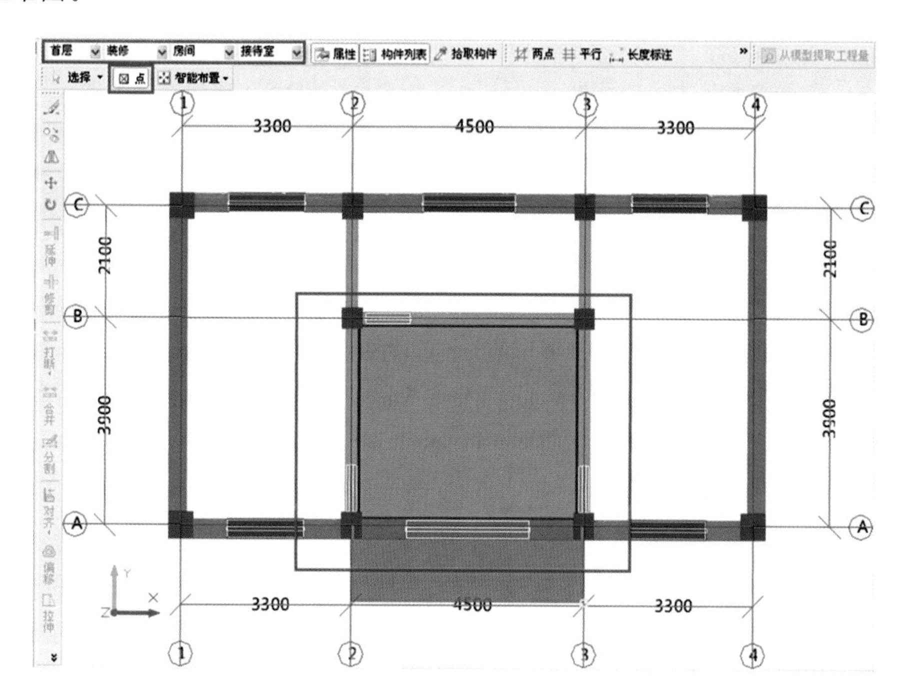

图 8.6.1

【拓展】 此处用“房间”的绘制方法,一次性将房间里的所有装修构件都绘制完成了,是一种比较快捷、常用的方法。我们也可以根据房间不同的装修构件,在相应的地方,将装修构件一个一个单独绘制上去。这种方法较慢,通常不推荐,但有时没有办法也只能采用这种方法,比如外墙面或者阳台的绘制,因为它没有形成房间,只能采用单独绘制。

(2) 其他房间的绘制。同理,根据装修做法表(见表 8.1.2),将其他房间的各个部位的装修构件通过“新建构件”→“构件定义”→“列清单、套定额”→“新建房间”→“添加依附构件”→“绘制房间”的方式,分别绘制一层的“图形培训室”、“钢筋培训室”、“楼梯间”和二层的“会客室”、“清单培训室”、“预算培训室”与“楼梯间”(见图 8.6.2 至图 8.6.7)。

【注意】 建议先将所有的装修构件定义完成以后,再新建房间。因为有些房间装饰做法是完全一样,或是局部一样的,可以在添加完依附构件后,采用复制房间,然后更改房间名称的方法,再绘制房间。如果只是有部分装修做法相同,也可以修改局部装饰做法(重新添加局部的依附构件)。

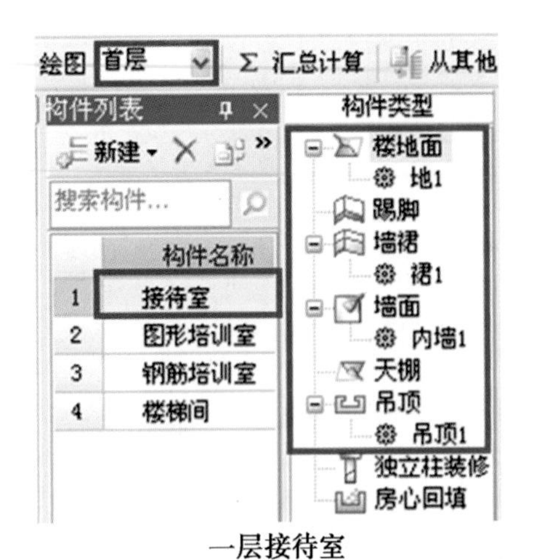

一层接待室

图 8.6.2

一层图形、钢筋培训室

图 8.6.3

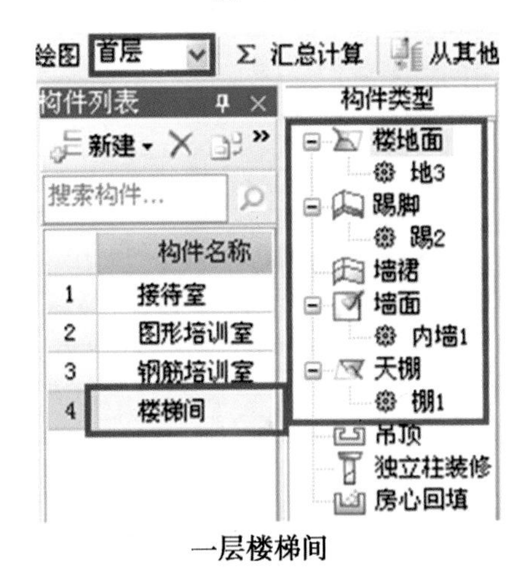

一层楼梯间

图 8.6.4

二层会客室

图 8.6.5

二层 清单、预算培训室

图 8.6.6

二层楼梯间

图 8.6.7

参考答案

序号	编　　码	项 目 名 称	单　　位	工程量
1	011101001001	水泥砂浆楼地面 1. 找平层厚度、砂浆配合比：150 厚 3∶7 灰土；50 厚 C15 素混凝土垫层 2. 素水泥浆遍数：素水泥浆一道（内掺建筑胶） 3. 面层厚度、砂浆配合比：20 厚 1∶2.5 水泥砂浆抹面压实赶光	m^2	7.9236
	A9-11	水泥砂浆整体面层楼地面 20 mm	100 m^2	0.0792
	A4-58	混凝土垫层	10 m^3	0.0396
	A4-74	3∶7 灰土	10 m^3	0.1189
2	011102003001	块料楼地面 1. 找平层厚度、砂浆配合比：20 厚 1∶2 水泥砂浆找平层 2. 面层材料品种、规格、颜色：10 厚铺 600×600 地砖，稀水泥浆（或彩色水泥浆）擦缝	m^2	15.5916
	A9-68	楼地面陶瓷块料（每块周长 mm）2600 以内，水泥砂浆	100 m^2	0.1559
	A9-1	楼地面水泥砂浆找平层，混凝土或硬基层上 20 mm	100 m^2	0.1559
3	011102003002	块料楼地面 1. 找平层厚度、砂浆配合比：150 厚 3∶7 灰土；50 厚 C15 素混凝土垫层；20 厚 1∶3 水泥砂浆找平 2. 结合层厚度、砂浆配合比：1∶2.5 水泥砂浆铺贴 3. 面层材料品种、规格、颜色：10 厚铺 600 mm×600 mm 陶瓷砖，稀水泥浆（或彩色水泥浆）擦缝	m^2	35.2512
	A9-68	楼地面陶瓷块料（每块周长 mm）2600 以内，水泥砂浆	100 m^2	0.3525
	A9-1	楼地面水泥砂浆找平层，混凝土或硬基层上 20 mm	100 m^2	0.3525
	A4-58	混凝土垫层	10 m^3	0.1763
	A4-74	3∶7 灰土	10 m^3	0.5288
4	011104001001	地毯楼地面 1. 面层材料品种、规格、颜色：防静电地毯 2. 黏结材料种类：20 厚 1∶2 水泥砂浆找平层	m^2	35.2512
	A9-125	楼地面地毯，防静电地毯	100 m^2	0.3525
	A9-1	楼地面水泥砂浆找平层，混凝土或硬基层上 20 mm	100 m^2	0.3525

续表

序号	编　　码	项目名称	单　　位	工程量
5	011104002001	竹、木(复合)地板 1.基层材料种类、规格:150厚3∶7灰土;50厚C15混凝土垫层;35厚C15细石混凝土随打随抹平;1厚JS防水涂料 2.面层材料品种、规格、颜色:9厚长条普通实木企口地板	m^2	15.5916
	A9-163	复合木地板悬浮安装	100 m^2	0.1559
	A9-9	细石混凝土找平层30 mm	100 m^2	0.1559
	A7-102	屋面聚合物水泥(JS)防水涂料,涂膜2 mm厚	100 m^2	0.1764
	A4-58	混凝土垫层	10 m^3	0.078
	A4-74	3∶7灰土	10 m^3	0.2339
6	011105002001	石材踢脚线 1.踢脚线高度:120 2.粘贴层厚度、材料种类:20厚水玻璃耐酸砂浆铺贴 3.面层材料品种、规格、颜色:10厚大理石板,稀水泥浆(或彩色水泥浆)擦缝	m^2	5.67
	A9-40	踢脚线,水泥砂浆	100 m^2	0.0567
7	011105003001	块料踢脚线 1.踢脚线高度:120 2.粘贴层厚度、材料种类:10厚1∶3水泥砂浆打底扫毛或划出纹道;1∶2水泥砂浆铺贴 3.面层材料品种、规格、颜色:陶瓷块料踢脚线	m^2	1.3824
	A9-73	铺贴陶瓷块料,踢脚线,水泥砂浆	100 m^2	0.0138
8	011201001001	墙面一般抹灰 1.墙体类型:砖墙 2.底层厚度、砂浆配合比:10厚1∶2∶8混合砂浆打底 3.面层厚度、砂浆配合比:3厚纸筋灰面 4.装饰面材料种类:刷乳胶漆二遍	m^2	361.5803
	A16-187	抹灰面乳胶漆,墙柱面,二遍	100 m^2	3.6158
	A10-11	各种墙面,水泥石灰砂浆底,纸筋灰面,15+3 mm	100 m^2	3.6158

续表

序号	编　　码	项 目 名 称	单　　位	工程量
9	011207001001	墙面装饰板 1.龙骨材料种类、规格、中距:木龙骨(断面 7.5 cm^2 木龙骨平均中距(mm 以内)300) 2.隔离层材料种类、规格:2 mm JS 防水涂料 3.基层材料种类、规格:1∶2.5 水泥砂浆墙面;三夹板基层 4.面层材料品种、规格、颜色:红榉夹板面层(普通);油漆饰面(聚酯清漆三遍)	m^2	13.908
	A16-83	木材面亚光面漆底油、刮腻子、漆片二遍、聚氨酯清漆二遍、亚光面漆三遍,单层木门	100 m^2	0.1391
	A10-199	饰面层,胶合板面	100 m^2	0.1391
	A10-173	木龙骨断面 7.5 cm^2 木龙骨平均中距(mm 以内)300	100 m^2	0.1391
	A10-196	龙骨上钉胶合板基层	100 m^2	0.1391
	A7-102	屋面聚合物水泥(JS)防水涂料,涂膜 2 mm 厚	100 m^2	0.1391
	A10-1	底层抹灰,各种墙面 15 mm	100 m^2	0.1289
10	011301001001	天棚抹灰 1.抹灰厚度、材料种类:3 厚石膏面;砂胶涂料 2.砂浆配合比:10 厚 1∶1∶6 混合砂浆打底	m^2	95.4991
	A16-237	砂胶涂料,天棚面	100 m^2	0.955
	A11-4	水泥石灰砂浆底,石膏面 10+3 mm	100 m^2	0.955
11	011302001001	吊顶天棚 1.吊顶形式、吊杆规格、高度:石膏吸音板吊顶天棚,高度 3000 2.龙骨材料种类、规格、中距:装配式 U 型轻钢龙骨(不上人型)面层规格 450×450 3.面层材料品种、规格:安装石膏吸音板	m^2	15.5916
	A11-119	吸音板面层,石膏吸音板	100 m^2	0.1559
	A11-34	装配式 U 型轻钢天棚龙骨(不上人型)面层规格(mm)450×450 平面	100 m^2	0.1559

任务9　绘制外墙装修、阳台装修及其他装修构件

<table>
<tr><td colspan="2">能力训练任务或案例
通过学习和实操，完成项目(培训楼工程)任务：
1. 识读图纸找出该工程外墙装修、阳台装修及其他装修构件的做法；
2. 绘制外墙装修、阳台装修及其他装修构件。</td></tr>
<tr><td>能力(技能)目标
1. 正确识读图纸培训楼工程的装修做法；
2. 正确定义外墙装修、阳台装修及其他装修构件；
3. 正确使用不同的方法绘制装修构件。</td><td>知识目标
1. 掌握装修构件的定义及绘制；
2. 掌握不同的绘制方法；
3. 复习、掌握装修工程清单列项及定额套用。</td></tr>
</table>

9.1　外墙裙的绘制

(1) 新建外墙裙。双击“模块导航栏”中的“装修”→单击“墙裙”，在构件列表中单击“新建”，选择“新建外墙裙”，进入楼地面定义界面，如图 9.1.1 所示。根据图纸装修做法在“属性编辑框”里编辑“外墙裙 1”的属性，如图 9.1.2 所示。

【注意】 由于外墙裙是从室外地坪标高(−0.45)开始的，而软件默认标高为墙底标高(±0.00)，因此要将“起点底标高”和“终点底标高”都改为“墙底标高−0.45”。

图 9.1.1

图 9.1.2

(2) 列清单、套定额。根据图纸设计总说明中的装修做法表，单击定义界面的“查询匹配清单”选择清单，单击“查询定额库”选择相应定额，如图 9.1.3 所示。

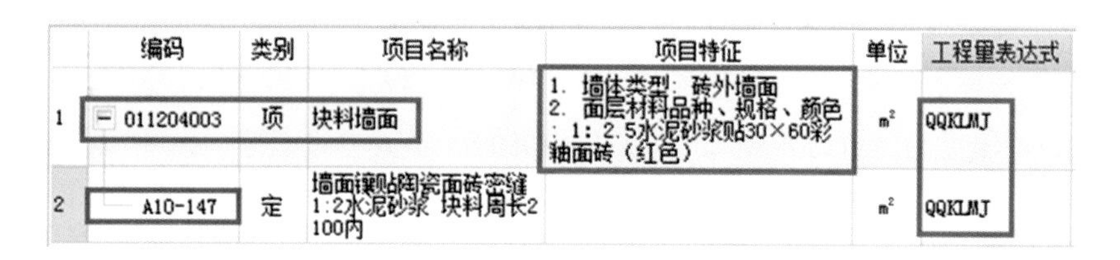

	编码	类别	项目名称	项目特征	单位	工程量表达式
1	011204003	项	块料墙面	1. 墙体类型：砖外墙面 2. 面层材料品种、规格、颜色：1:2.5水泥砂浆贴30×60彩釉面砖（红色）	m^2	QQKLMJ
2	A10-147	定	墙面镶贴陶瓷面砖密缝 1:2水泥砂浆 块料周长2100内		m^2	QQKLMJ

图 9.1.3

填写项目特征，如图 9.1.4 所示。

查询匹配清单　查询匹配定额　查询清单库　查询匹配外部清单　查询措施　查询定额库　项目特征

	特征	特征值	输出
1	墙体类型	砖外墙面	☑
2	安装方式		☐
3	面层材料品种、规格、颜色	1：2.5水泥砂浆贴30×60彩釉面砖（红色）	☑
4	缝宽、嵌缝材料种类		☐
5	防护材料种类		☐
6	磨光、酸洗、打蜡要求		☐

图 9.1.4

（3）绘制外墙裙。单击 绘图 按钮（或双击“外墙裙 1”）进入绘图界面，单击外墙墙面，外墙面出现深色加宽线条，则说明绘制成功，如图 9.1.5 所示。单击 三维 按钮，查看三维情况，如图 9.1.6 所示。

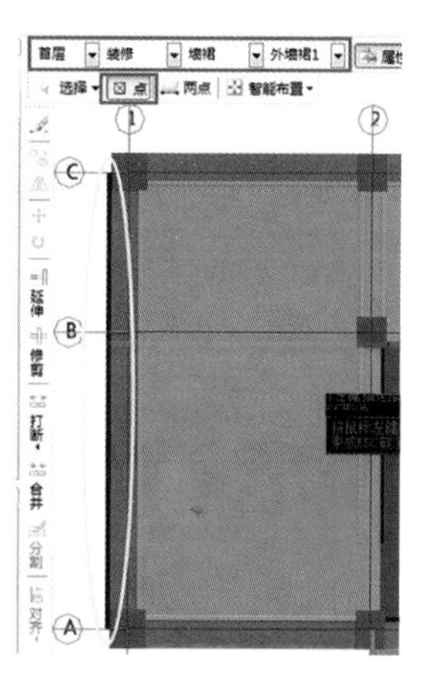

图 9.1.5

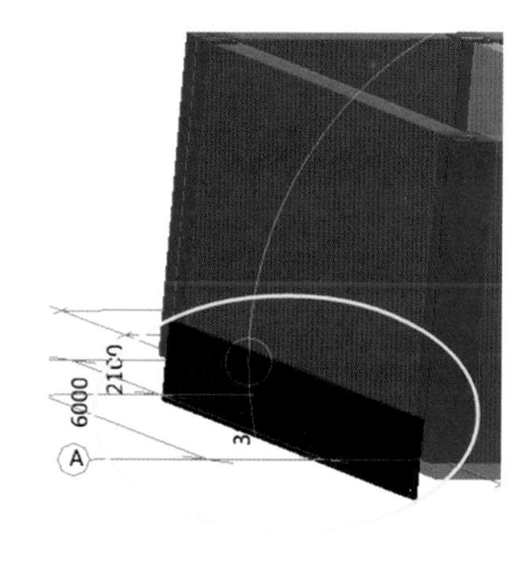

图 9.1.6

9.2　外墙面的绘制

（1）新建外墙面。双击“模块导航栏”中的“装修”→单击“墙面”，在构件列表中单击“新建”，选择“新建外墙面”，进入楼地面定义界面，如图 9.2.1 所示。根据图纸装修做法在“属性编辑框”里编辑“外墙 1”的属性，如图 9.2.2 所示。

【注意】 软件默认外墙面的标高为墙底标高（±0.00）至墙顶标高（3.60），因此理论上和“外墙裙”是有重叠的，但是软件设定当“墙面”遇到“墙裙”时，“墙面”会自动扣减掉与“墙裙”重叠的部分。因此无需更改“外墙 1”的四个标高。

图 9.2.1

图 9.2.2

(2) 列清单、套定额。根据图纸设计总说明中的装修做法表，单击定义界面的“查询匹配清单”选择清单，单击“查询定额库”选择相应定额，如图 9.2.3 所示。

	编码	类别	项目名称	项目特征	单位	工程量表达式
1	011204003	项	块料墙面	1. 墙体类型：砖外墙面 2. 面层材料品种、规格、颜色：1：2.5水泥砂浆贴30×60彩釉面砖（白色）	m^2	QMKLMJ
2	A10-147	定	墙面镶贴陶瓷面砖密缝 1:2水泥砂浆 块料周长2100内		m^2	QMKLMJ

图 9.2.3

填写项目特征，如图 9.2.4 所示。

查询匹配清单 查询匹配定额 查询清单库 查询匹配外部清单 查询措施 查询定额库 项目特征

	特征	特征值	输出
1	墙体类型	砖外墙面	☑
2	安装方式		☐
3	面层材料品种、规格、颜色	1：2.5水泥砂浆贴30×60彩釉面砖（白色）	☑
4	缝宽、嵌缝材料种类		☐
5	防护材料种类		☐
6	磨光、酸洗、打蜡要求		☐

图 9.2.4

【注意】 “外墙 1”和“外墙裙 1”只是颜色不同，做法一样，此处可以采用“选配”的快捷方法来套用清单和定额。选配后，将项目特征中的颜色改为“白色”。

(3) 绘制外墙面。单击 绘图 按钮(或双击“外墙 1”)进入绘图界面，单击外墙墙面，外墙墙面出现深色加宽线条，则说明绘制成功。单击 三维 按钮，查看三维情况，确认四周外墙墙面都已经绘制成功，如图 9.2.5 所示。

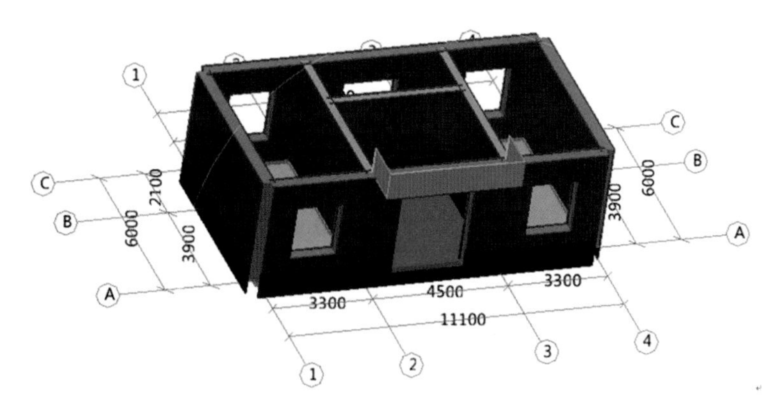

图 9.2.5

任务10　新建钢筋工程，柱、构造柱、梁、板钢筋工程

<table>
<tr><td colspan="2">能力训练任务或案例
通过学习和实操，完成项目（培训楼工程）任务：
1. 新建钢筋工程，导入GCL工程；
2. 定义、布置柱、构造柱、梁、板的钢筋；
3. 汇总计算钢筋工程量，查看各种报表。</td></tr>
<tr><td>能力（技能）目标
1. 正确使用GGJ软件新建工程及导入GCL软件；
2. 正确识读图纸钢筋；
3. 正确定义并布置柱、构造柱、梁、板钢筋；
4. 正确使用单构件输入法计算钢筋长度；
5. 正确使用软件汇总计算钢筋工程量，并查看报表。</td><td>知识目标
1. 掌握使用GGJ新建工程和导入GCL的操作流程；
2. 掌握柱、构造柱、梁、板的平法标注知识；
3. 熟练钢筋定义及布置操作的方法；
4. 掌握钢筋长度的计算公式及方法；
5. 熟悉报表的查阅，以及每个报表的特点。</td></tr>
</table>

10.1　新建项目

（1）双击图标进入“欢迎使用GGJ2013”界面，如图10.1.1所示。

图10.1.1

（2）单击“新建向导”，进入新建工程界面，修改“工程名称”，在“报表类别”下拉菜单中选择“广东(2010)-按直径细分”，如图10.1.2所示。

（3）单击“下一步”按钮，弹出提示框，如图10.1.3所示，单击“是”按钮，进入工程信息界面，修改内容，如图10.1.4所示。

【注意】　只有蓝色字体内容影响计算结果，需要修改，黑色字体内容不需要修改。

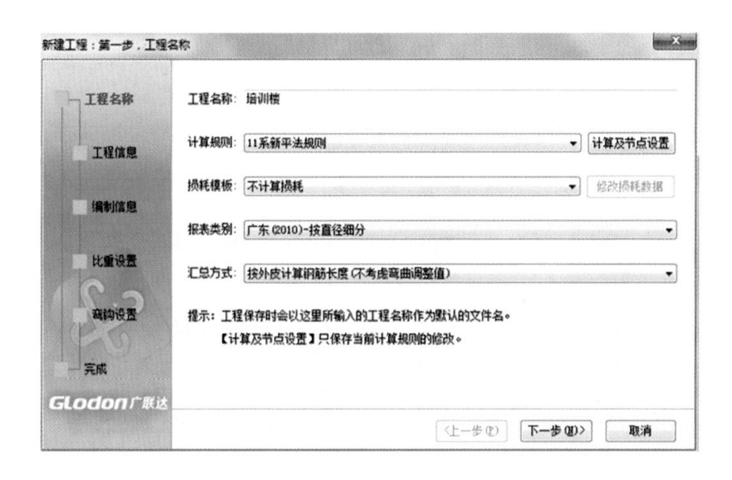

图 10.1.2

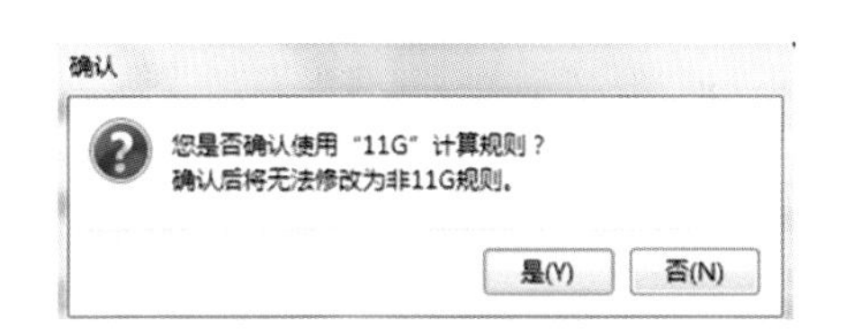

图 10.1.3

1	工程类别	
2	项目代号	
3	*结构类型	框架结构
4	基础形式	
5	建筑特征	
6	地下层数(层)	
7	地上层数(层)	
8	*设防烈度	7
9	*檐高(m)	8.25
10	*抗震等级	一级抗震
11	建筑面积(平方米)	

提示：这里修改结构类型、设防烈度、檐高、抗震等级会影响钢筋计算结果，请按实际情况填写。

图 10.1.4

(4) 单击“下一步”按钮,进入编制信息界面,该界面内容不用填写,如图 10.1.5 所示。

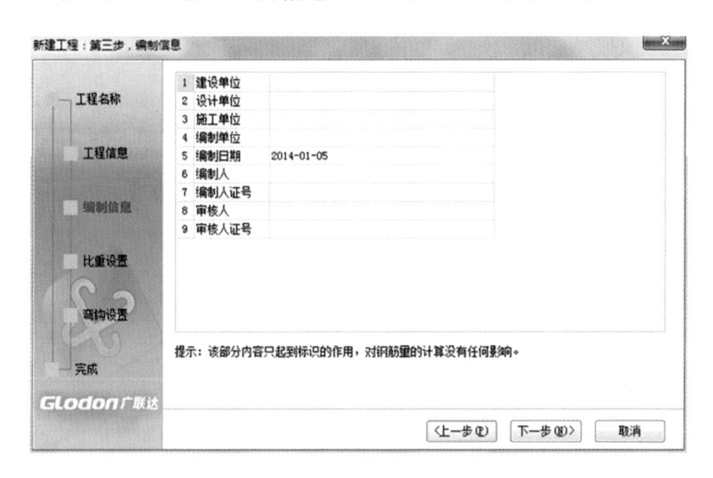

图 10.1.5

(5) 单击“下一步”按钮,进入钢筋比重设置界面,该界面内容不用填写,如图 10.1.6 所示。

(6) 单击“下一步”按钮,进入钢筋弯钩设置界面,该界面内容不用填写,如图 10.1.7 所示。

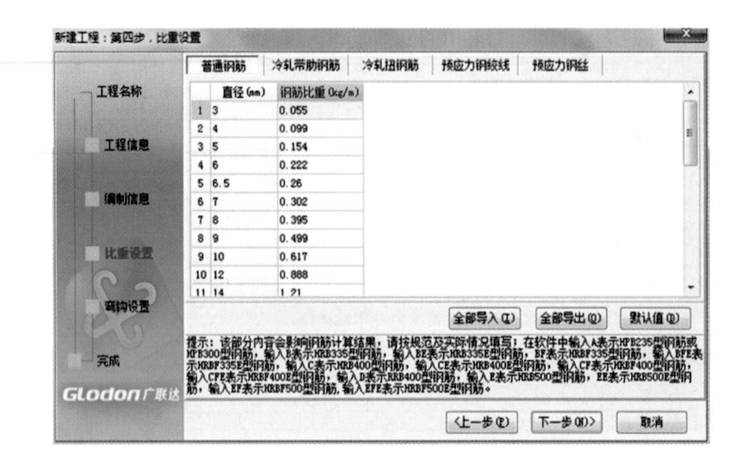

图 10.1.6

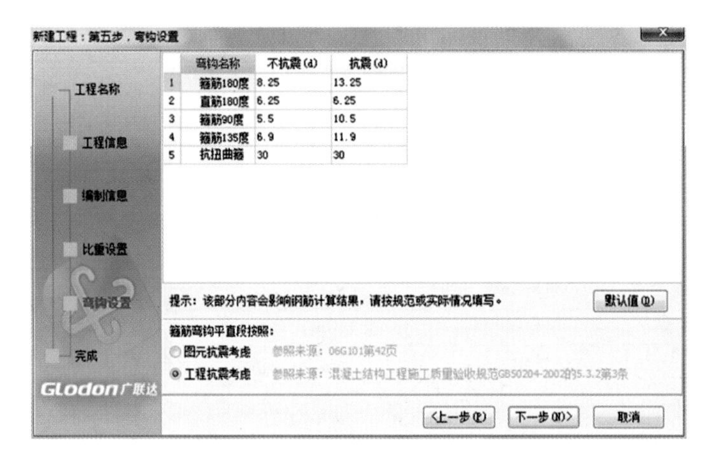

图 10.1.7

（7）单击“下一步”按钮，进入完成界面，该界面内容不用填写，只需检查填写内容是否正确，如有错误，单击“上一步”按钮进行修改，如没有错误，单击“完成”按钮，如图10.1.8所示。

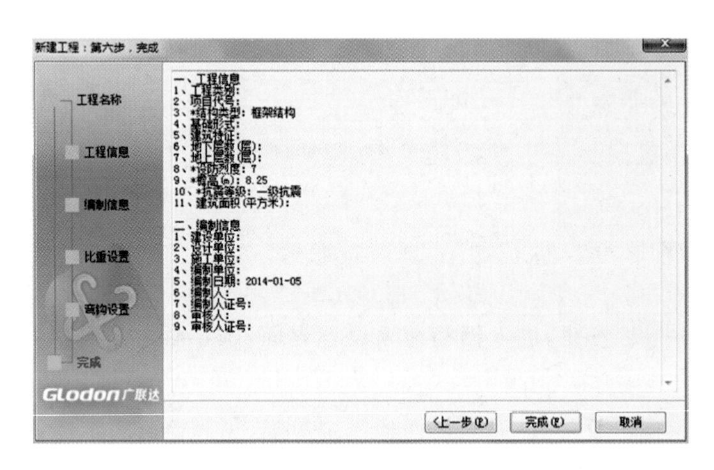

图 10.1.8

10.2　导入 GCL 文件

（1）进入“楼层信息”界面,单击文件,选择“导入图形工程”,如图 10.2.1 所示。

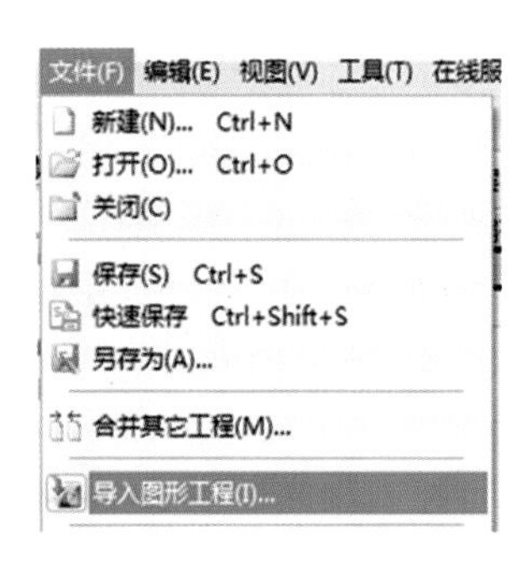

图 10.2.1

（2）选择图形工程所在的位置,双击图形工程,弹出提示框,如图 10.2.2 所示,单击“确定”按钮,出现“层高对比”提示框,如图 10.2.3 所示,单击“按图形层高导入”,弹出“楼层”、“构件”选项,左边楼层导入全选,右边构件导入全选,如图 10.2.4 所示,单击“确定”按钮,弹出提示框,如图 10.2.5 所示,单击“确定”按钮。

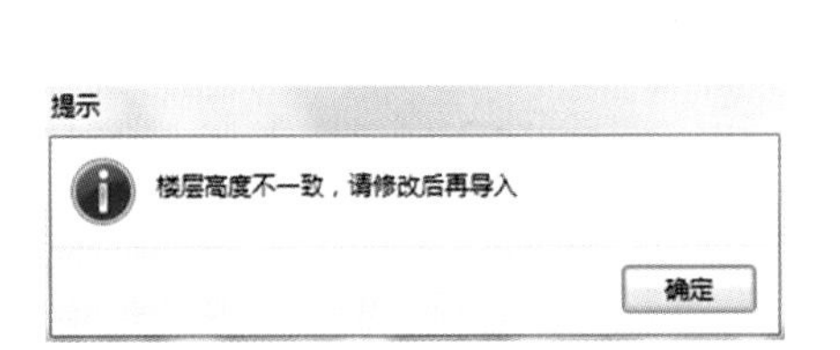

图 10.2.2

层高对比

楼层编码	GGJ钢筋工程楼层层高(m)	GCL图形工程楼层层高(m)
1	3	3.6
0	3	1.6

按照图形层高导入　取消

图 10.2.3

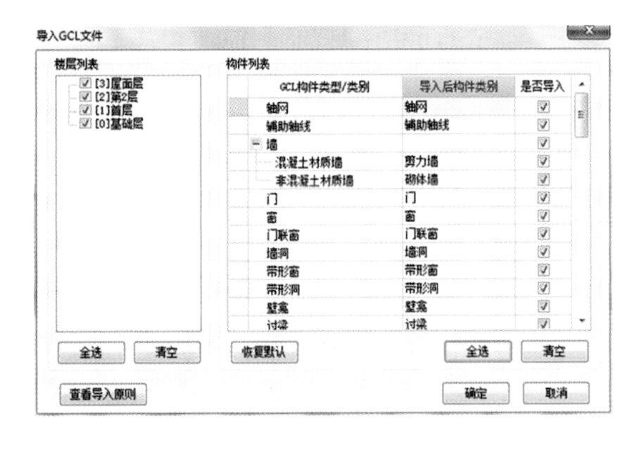

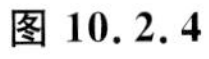
图 10.2.4

图 10.2.5

（3）对楼层信息进行修改,如图 10.2.6 所示。

插入楼层　删除楼层　上移　下移

	编码	楼层名称	层高(m)	首层	底标高(m)	相同层数	板厚(mm)
1	3	屋面层	0.6	☐	7.17	1	120
2	2	第2层	3.6	☐	3.57	1	120
3	1	首层	3.6	☑	-0.03	1	120
4	0	基础层	1.57	☐	-1.6	1	120

图 10.2.6

10.3 柱钢筋的定义

（1）单击“绘图输入”，进入绘图界面，双击“模块导航栏”中的“柱”（或单击“柱”，再单击定义）进入柱定义界面，在“属性编辑”框中输入 Z1（此处 Z1 在软件中格式为 Z-1，后同）钢筋信息，不需要重新绘图，如图 10.3.1 所示。

属性编辑框

	属性名称	属性值	附加
1	名称	Z-1	
2	类别	框架柱	☐
3	截面编辑	否	
4	截面宽(B边)(mm)	500	☐
5	截面高(H边)(mm)	500	☐
6	全部纵筋	16Φ25	☐
7	角筋		☐
8	B边一侧中部筋		☐
9	H边一侧中部筋		☐
10	箍筋	Φ10@100/200	☐
11	肢数	5*5	
12	柱类型	(中柱)	☐
13	其它箍筋		

图 10.3.1

（2）Z2、Z3 钢筋信息如表 10.3.1 所示，输入 Z2、Z3 钢筋信息，如图 10.3.2 所示。

表 10.3.1

序　号	构件名称	全部纵筋	箍　筋	肢　数
1	Z2	14B25	A10@100/200	5×4
2	Z3	12B22	A8@100/200	5×3

属性名称	属性值
名称	Z-2
类别	框架柱
截面编辑	否
截面宽(B边)(mm)	400
截面高(H边)(mm)	500
全部纵筋	14Φ25
角筋	
B边一侧中部筋	
H边一侧中部筋	
箍筋	Φ10@100/200
肢数	5*3
柱类型	(中柱)
其它箍筋	

属性名称	属性值
名称	Z-3
类别	框架柱
截面编辑	否
截面宽(B边)(mm)	400
截面高(H边)(mm)	400
全部纵筋	12Φ22
角筋	
B边一侧中部筋	
H边一侧中部筋	
箍筋	Φ8@100/200
肢数	5*3
柱类型	(中柱)
其它箍筋	

图 10.3.2

（3）复制到二层和基础层，单击“构件”，选择“复制构件到其他楼层”，如图 10.3.3 所示，弹出“构件”、“楼层”选项，根据图纸进行选择，如图 10.3.4 所示，选择完成后，单击“确定”按钮。

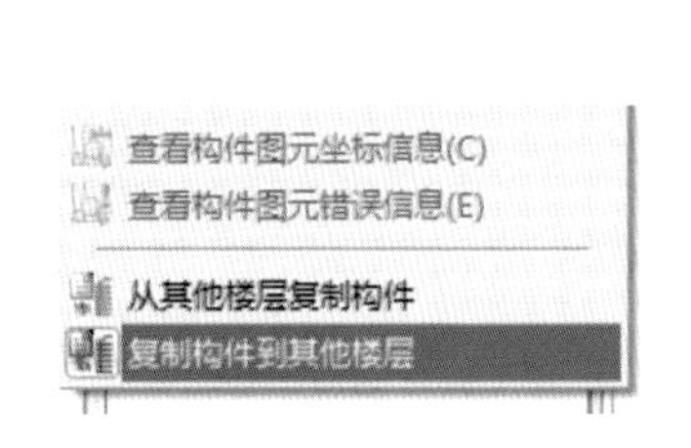

图 10.3.3

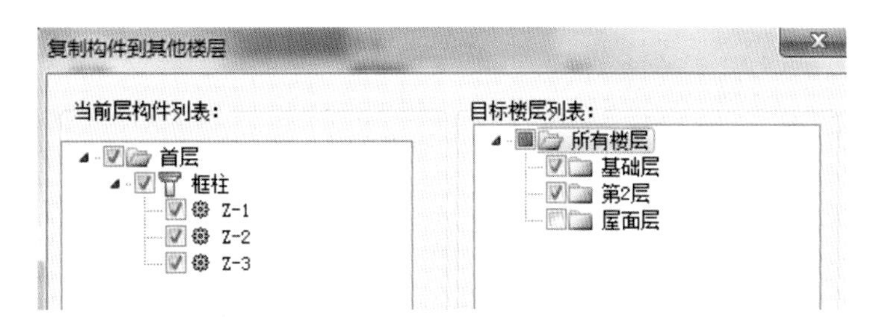

图 10.3.4

10.4　构造柱钢筋的定义

双击“模块导航栏”中的“构造柱”进入构造柱定义界面，在楼层信息框下拉菜单中选择“屋面层”，输入 GZ1 钢筋信息，不需要重新绘图，如图 10.4.1 所示。

属性名称	属性值
名称	GZ-1
类别	构造柱
截面编辑	否
截面宽(B边)(mm)	240
截面高(H边)(mm)	240
全部纵筋	4Φ12
角筋	
B边一侧中部筋	
H边一侧中部筋	
箍筋	Φ8@200
肢数	2*2
其它箍筋	

图 10.4.1

10.5　梁钢筋的定义及绘制

(1) 在楼层信息框下拉菜单中选择“首层”，双击“模块导航栏”中的“梁”进入梁定义界面，根据图纸输入 KL1 钢筋信息，不需要重新绘图，如图 10.5.1 所示。

属性名称	属性值
名称	KL-1
类别	楼层框架梁
截面宽度(mm)	370
截面高度(mm)	500
轴线距梁左边线距离(mm)	(185)
跨数量	
箍筋	Φ8@100/200(4)
肢数	4
上部通长筋	4Φ25
下部通长筋	
侧面构造或受扭筋(总配筋值)	
拉筋	
其它箍筋	

图 10.5.1

（2）KL2、KL3、KL4 和 KL5 钢筋信息如表 10.5.1 所示，输入 KL2、KL3、KL4 和 KL5 钢筋信息。

表 10.5.1

序　号	构件名称	箍　筋	肢数	上部通长筋	下部通长筋
1	KL2	A8@100/200	4	4B25	4B25
2	KL3	A8@100/200	4	2B25＋(2B12)	
3	KL4	A8@100/200	2	2B22	
4	KL5	A8@100/200	2	4B22	4B22

（3）单击“绘图输入”，进入绘图界面，选择 KL1，如图 10.5.2 所示，在“原位标注”下拉菜单中选择“梁平法表格”，如图 10.5.3 所示，在界面下方弹出的“梁平法表格”中输入 KL1 的原位标注的钢筋信息，如图 10.5.4 所示。

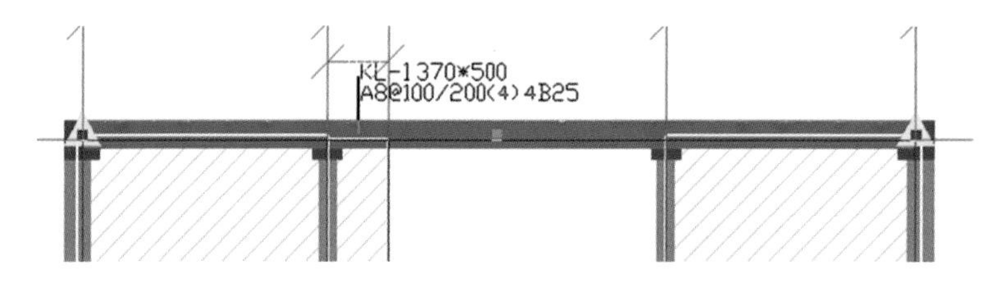

图 10.5.2

图 10.5.3

输入当前列数据　删除当前列数据　页面设置　调换起始跨　悬臂钢筋代号

构件尺寸(mm)							上通长筋	上部钢筋			下部钢筋		侧
A1	A2	A3	A4	跨长	截面(B*H)	距左边		左支座钢筋	跨中钢筋	右支座钢筋	下通长筋	下部钢筋	
(250)	(250)	(200)		(3300)	(370*500)	(185)	4Φ25					4Φ25	
	(200)	(200)		(4500)	(370*500)	(185)						6Φ25 2/4	
	(200)	(250)	(250)	(3300)	(370*500)	(185)						4Φ25	

图 10.5.4

【拓展】　如果存在相同的梁，可以用“应用到同名梁”的方法进行信息复制，单击选择梁，单击右键，选择“应用到同名梁”，如图 10.5.5 所示，弹出“应用范围选择”，选择“所有同名称的梁”，如图 10.5.6 所示，单击“确定”按钮。

（4）4KL2、KL3、KL4 和 KL5 原位标注的钢筋信息如表 10.5.2，输入 KL2、KL3、KL4 和 KL5 钢筋信息。

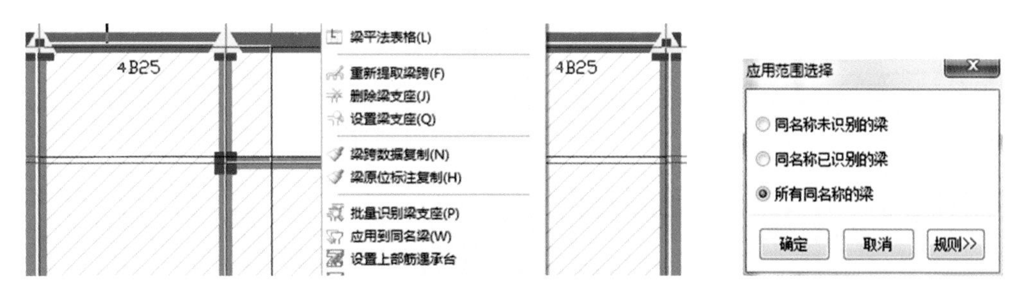

图 10.5.5　　　　图 10.5.6

表 10.5.2

序号	构件名称	跨号	上部钢筋			下部钢筋
			左支座筋	中部钢筋	右支座筋	
1	KL2	1	6B25 4/2		6B25 4/2	
2	KL3	1	4B25			4B25
		2	6B25 4/2		6B25 4/2	6B25 2/4
		3			4B25	4B25
3	KL4	1	6B22 4/2		6B22 4/2	6B22 2/4
		2			4B22	4B22
4	KL5	1				

(5) 复制到二层，楼层信息框下拉菜单中选择“第 2 层”，单击“楼层”，选择“从其它楼层复制构件图元”，弹出“从其它楼层复制图元”对话框，选择“梁”、“第 2 层”，如图 10.5.7所示，单击“确定”按钮，弹出提示框，选择相应的处理方式，如图 10.5.8 所示。

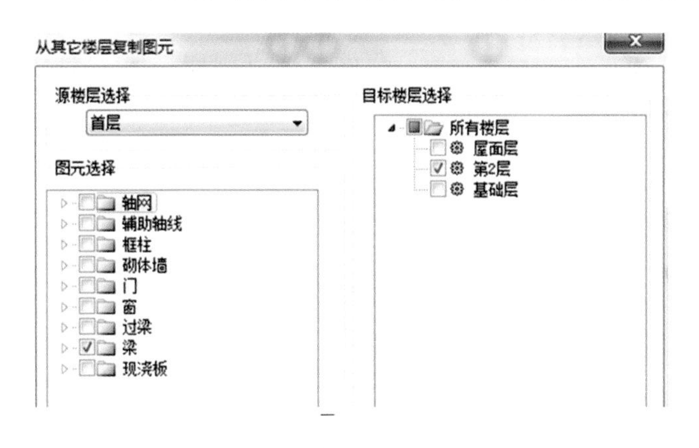

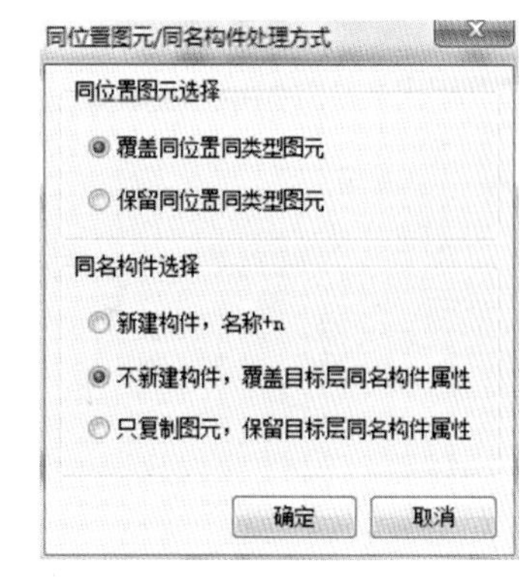

图 10.5.7　　　　图 10.5.8

【拓展】 “构件”中的复制和“楼层”中复制有什么区别？

(6) 对复制的二层梁信息进行修改，修改信息如表 10.5.3 所示，选择 KL1、KL2、KL3，在“属性编辑器”中修改截面高度为“650”，“侧面构造或受扭筋”输入“G4B16”(Φ、Φ 为建筑表示方法，A、B 为其对应的软件表示方法)，如图 10.5.9 所示。

表 10.5.3

序　　号	修 改 信 息
1	KL1、KL2、KL3 梁高改为 650mm
2	KL1、KL2、KL3 增加侧面构造腰筋 G4B16

属性编辑器

	属性名称	属性值
1	名称	?
2	类别	楼层框架梁
3	截面宽度(mm)	370
4	截面高度(mm)	650
5	轴线距梁左边线距	(185)
6	跨数量	?
7	箍筋	Φ8@100/200(4)
8	肢数	4
9	上部通长筋	?
10	下部通长筋	?
11	侧面构造或受扭筋	G4Φ16
12	拉筋	(Φ8)
13	其它箍筋	

图 10.5.9

10.6　板钢筋的定义及绘制

（1）楼层信息框下拉菜单中选择“首层”，单击“板受力筋”，根据图纸，选择“单板”、“XY 方向”，单击板，弹出“智能布置”对话框，如图 10.6.1 所示。

（2）输入板钢筋信息，单击“确定”按钮，单击板布置受力筋，如图 10.6.2 所示。

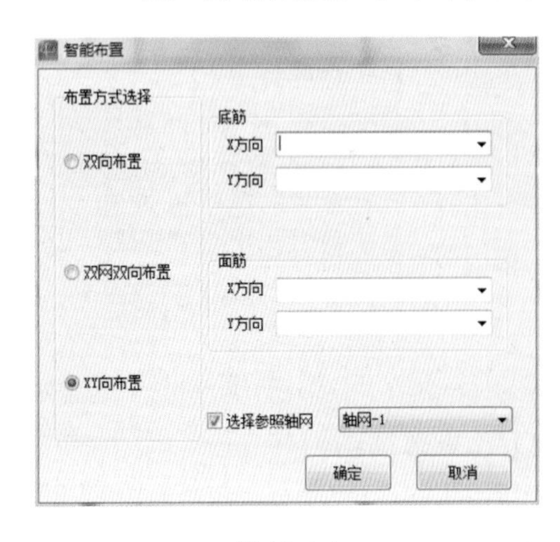

图 10.6.1

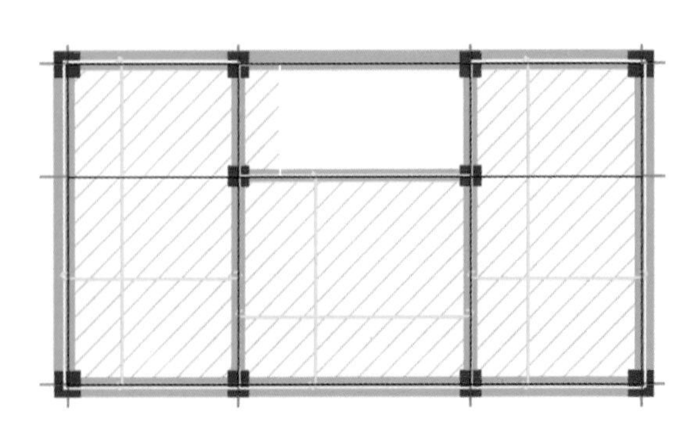

图 10.6.2

（3）布置与楼梯连接的楼板钢筋，单击板，在弹出的“智能布置”对话框中输入钢筋信息，如图 10.6.3 所示，单击“确定”按钮，绘制板的受力筋，如图 10.6.4 所示。

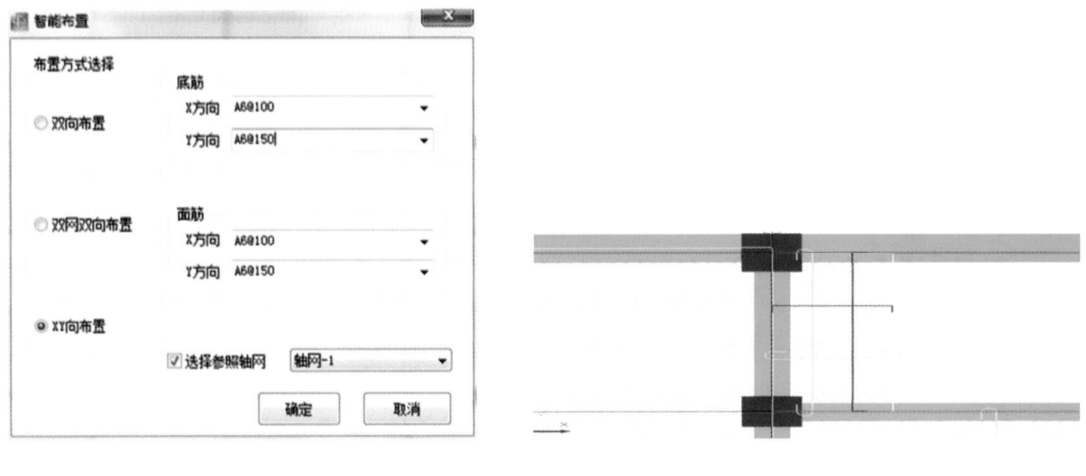

图 10.6.3　　　　图 10.6.4

（4）布置板负筋。双击“模块导航栏”中的“板负筋”进入板负筋定义界面，新建“板负筋”，根据图纸输入板负筋的钢筋信息，如图 10.6.5 所示。

	属性名称	属性值	附加
1	名称	FJ-1	
2	钢筋信息	Φ8@150	□
3	左标注(mm)	0	□
4	右标注(mm)	800	□
5	马凳筋排数	0/1	□
6	单边标注位置	(支座中心线)	□
7	左弯折(mm)	(0)	□
8	右弯折(mm)	(0)	□
9	分布钢筋	Φ8@200	□
10	钢筋锚固	(34)	
11	钢筋搭接	(48)	
12	归类名称	(FJ-1)	□
13	计算设置	按默认计算设置计算	
14	节点设置	按默认节点设置计算	
15	搭接设置	按默认搭接设置计算	
16	汇总信息	板负筋	□

图 10.6.5

【注意】 马凳筋排数按马凳的常用间距 1 m 计算，即是每隔 1 m 就多一排。

（5）单击绘图，进入板负筋绘图界面，选择“按梁布置”，单击梁，单击梁的外边空白处，如图 10.6.6 所示，继续布置其他位置的板负筋，如图 10.6.7 所示。

（6）负筋 2 的钢筋如表 10.6.1 所示，新建负筋 2，输入钢筋信息并绘制负筋 2，如图 10.6.7 所示。

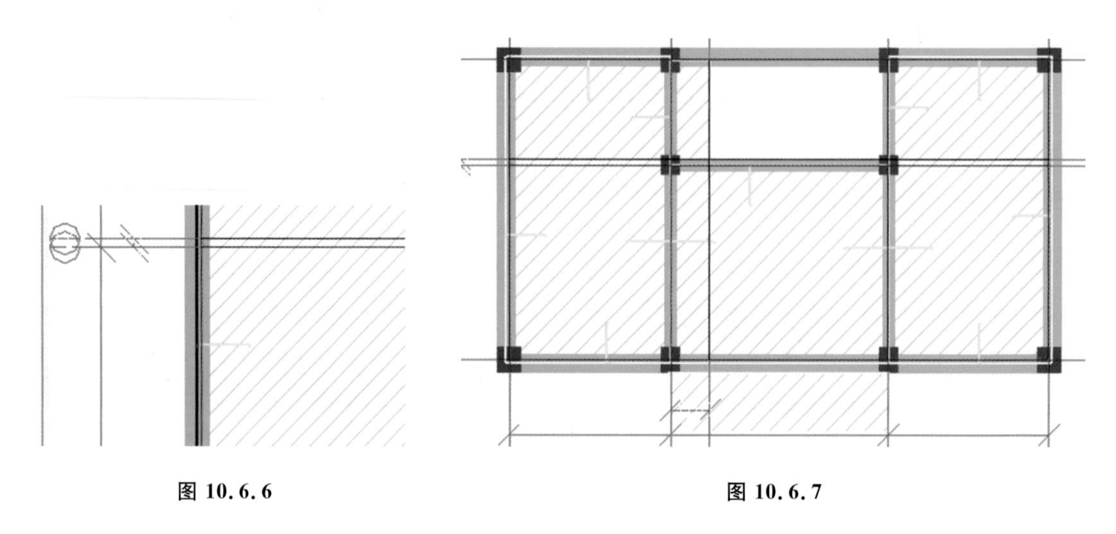

图 10.6.6　　　　图 10.6.7

表 10.6.1

序号	构件名称	钢筋信息	左标注	右标注	马凳筋排数	分　布　筋
1	负筋 2	A8@150	900	900	1/1	A8@200

【拓展】 分布筋钢筋信息除了在板负筋定义时输入，还可以在“工程设置”→“计算设置”→“板”→“分布钢筋配置”中输入，前者需要每次定义都修改一次，后者一旦修改，就会应用到每次定义中。

(7) 二层板钢筋绘制。楼层信息框下拉菜单中选择“第 2 层”，单击“板受力筋”，根据图纸，选择“单板”、“XY 方向”，单击板，弹出“智能布置”对话框，输入钢筋信息，如图10.6.8所示，单击板绘制板受力筋，如图 10.6.9 所示。

图 10.6.8

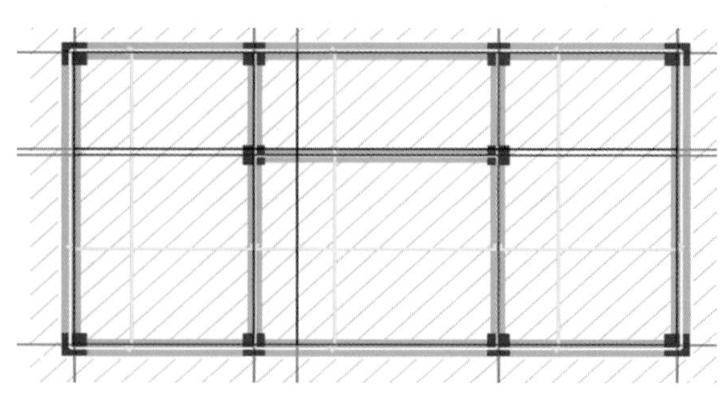

图 10.6.9

(8) 绘制板负筋。双击“模块导航栏”中的“板负筋”进入板负筋定义界面，新建“板负筋”，根据图纸输入板负筋的钢筋信息，如图 10.6.10 所示。

	属性名称	属性值	附加
1	名称	FJ-1	
2	钢筋信息	Φ8@150	☐
3	左标注(mm)	900	☐
4	右标注(mm)	900	☐
5	马凳筋排数	1/1	☐
6	非单边标注含支座宽	(是)	☐
7	左弯折(mm)	(0)	☐
8	右弯折(mm)	(0)	☐
9	分布钢筋	Φ8@200	☐
10	钢筋锚固	(34)	
11	钢筋搭接	(48)	
12	归类名称	(FJ-1)	☐
13	计算设置	按默认计算设置计算	
14	节点设置	按默认节点设置计算	

图 10.6.10

（9）单击绘图，进入板负筋绘图界面，选择“按梁布置”，单击梁，布置板负筋，如图10.6.11所示。

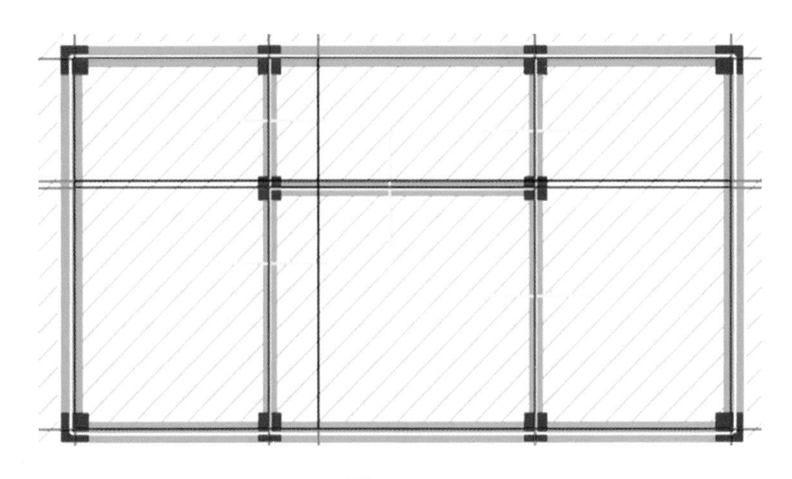

图 10.6.11

（10）绘制板阳角附加筋。单击“模块导航栏”→“单构件输入”→“构件管理”→“现浇板”→“添加构件”，修改构件名称与数量，如图 10.6.12 所示，单击“确定”按钮。

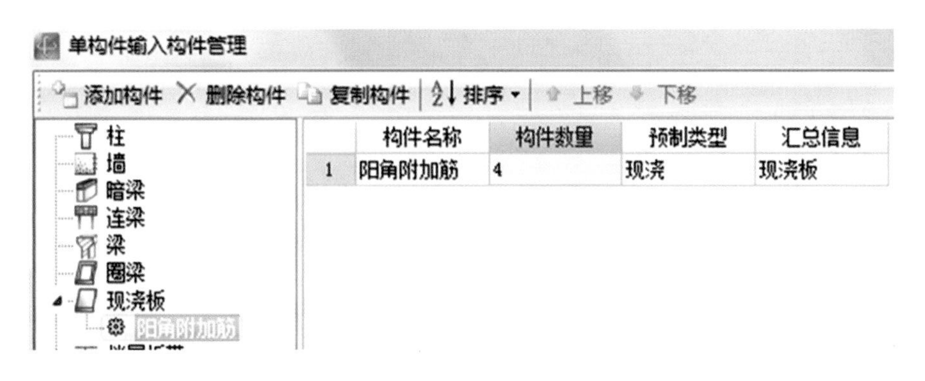

图 10.6.12

（11）根据图纸，选择钢筋图号，在表中输入钢筋信息，如图 10.6.13 所示。

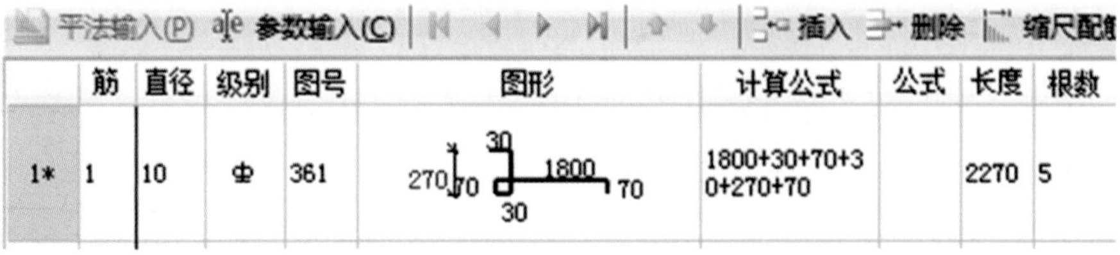

平法输入(P) 参数输入(C) 插入 删除 缩尺配筋

	筋	直径	级别	图号	图形	计算公式	公式	长度	根数
1*	1	10	Φ	361	30 270 70 1800 70 30	1800+30+70+30+270+70		2270	5

图 10.6.13

参考答案

构件类型	合计	级别	6	8	10	12	16	22	25
柱	2.095	Φ		0.215	1.88				
	5.105	Φ						0.679	4.426
构造柱	0.012	Φ		0.012					
	0.05	Φ				0.05			
梁	0.871	Φ		0.871					
	4.446	Φ				0.012	0.216	1.186	3.033
现浇板	1.599	Φ	0.195	0.296		1.108			
	0.028	Φ			0.028				
合计	4.645	Φ	0.195	1.462	1.88	1.108			
	9.629	Φ			0.028	0.062	0.216	1.865	7.458

任务 11　基础、过梁、压顶、阳台、楼梯、雨篷等钢筋工程

<table>
<tr><td colspan="2">

能力训练任务或案例

通过学习和实操，完成项目（培训楼工程）任务：

1. 定义、布置基础、阳台、楼梯、过梁、雨篷、压顶、砌体加筋等钢筋；

2. 汇总计算钢筋工程量，查看各种报表。

</td></tr>
<tr><td>

能力(技能)目标

1. 正确识读图纸钢筋；

2. 正确定义并布置基础、阳台、楼梯、过梁、雨篷、压顶、砌体加筋等钢筋；

3. 正确使用单构件输入法计算钢筋长度；

4. 正确使用软件汇总计算钢筋工程量，并查看报表。

</td><td>

知识目标

1. 掌握基础、阳台、楼梯、过梁、雨篷、压顶、砌体加筋的平法标注知识；

2. 熟练钢筋定义及布置操作的方法；

3. 掌握钢筋长度的计算公式及方法；

4. 熟悉报表的查阅，及每个报表的特点。

</td></tr>
</table>

11.1　基础钢筋的定义及绘制

（1）布置筏板钢筋。在楼层信息框下拉菜单中选择“基础层”，单击“模块导航栏”中的“筏板主筋”，选择“单板”、“XY 方向”，单击筏板，弹出“智能布置”对话框，输入钢筋信息，如图 11.1.1 所示，单击“确定”按钮，绘制筏板主筋，如图 11.1.2 所示。

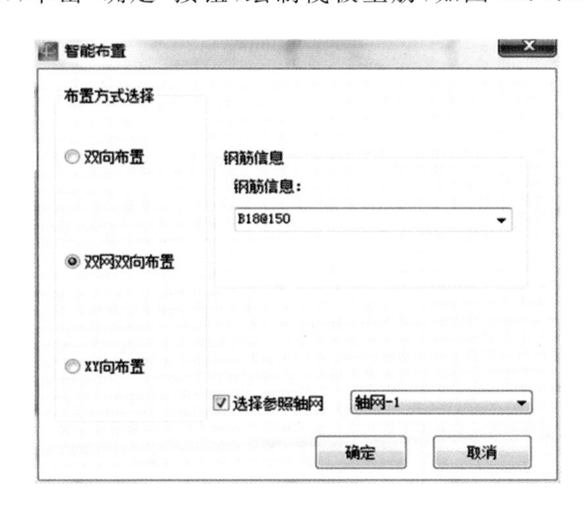

图 11.1.1

(2) 绘制基础梁的钢筋。双击“模块导航栏”中的“基础梁”进入梁定义界面，根据图纸输入 JKL1 集中标注钢筋信息，不需要重新绘图，如图 11.1.3 所示。

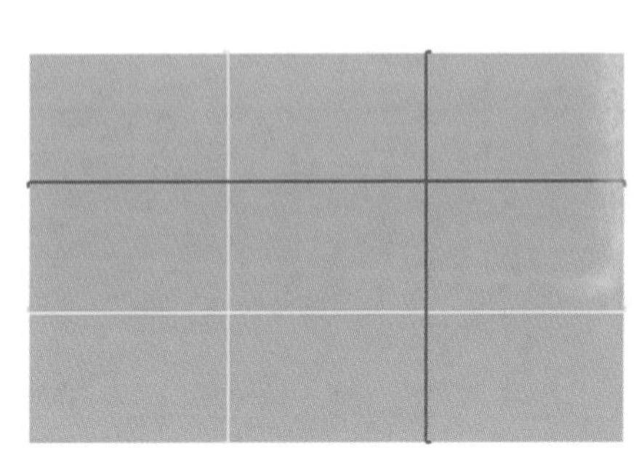

图 11.1.2

属性编辑

	属性名称	属性值	附加
1	名称	JKL-1	
2	类别	基础主梁	
3	截面宽度(mm)	500	
4	截面高度(mm)	500	
5	轴线距梁左边线距离(mm)	(250)	
6	跨数量		
7	箍筋	Φ12@100/200(6)	
8	肢数	6	
9	下部通长筋	6Φ25	
10	上部通长筋		
11	侧面构造或受扭筋(总配筋值)		
12	拉筋		
13	其它箍筋		

图 11.1.3

(3) JKL2、JKL3 和 JKL4 钢筋信息如表 11.1.1 所示，输入 JKL2、JKL3 和 JKL4 钢筋信息。

表 11.1.1

序　　号	构件名称	箍　　筋	肢　　数	下部通长筋	上部通长筋
1	JKL2	A12@100/200	6	6B25	6B25
2	JKL3	A12@100/200	4	4B25	
3	JKL4	A12@100/200	4	5B25	5B25

(4) 单击绘图，进入绘图界面，选择 JKL1，在“原位标注”下拉菜单中选择“梁平法表格”，在界面下方弹出的“梁平法表格”输入 JKL1 的原位标注的钢筋信息，如图 11.1.4 所示，单击右键确定，这时梁会由粉红色变成绿色，说明梁提跨完毕。

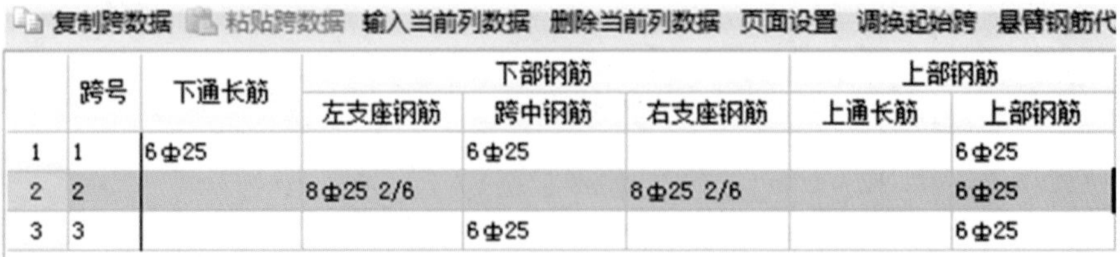

复制跨数据　粘贴跨数据　输入当前列数据　删除当前列数据　页面设置　调换起始跨　悬臂钢筋代

	跨号	下通长筋	下部钢筋			上部钢筋	
			左支座钢筋	跨中钢筋	右支座钢筋	上通长筋	上部钢筋
1	1	6Φ25		6Φ25			6Φ25
2	2		8Φ25 2/6		8Φ25 2/6		6Φ25
3	3			6Φ25			6Φ25

图 11.1.4

(5) 应用到同名梁。单击选择梁，单击右键，选择“应用到同名梁”，如图 11.1.5 所示，弹出“应用范围选择”对话框，选择“所有同名称的梁”，如图 11.1.6 所示，单击“确定”按钮。

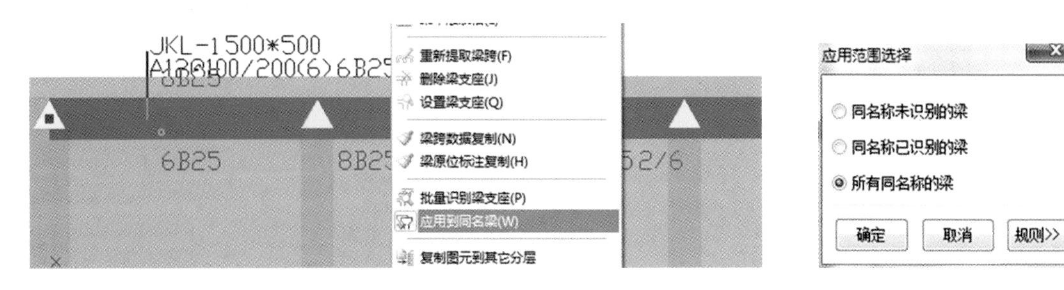

图 11.1.5　　　　图 11.1.6

(6) JKL2、JKL3 和 JKL4 原位标注的钢筋信息如表 11.1.2 所示，输入 JKL2、JKL3 和 JKL4 钢筋信息。

表 11.1.2

序号	构件名称	跨号	下部钢筋			上部钢筋
			左支座筋	中部钢筋	右支座筋	
1	JKL2	1	8B25 2/6		8B25 2/6	
2	JKL3	1	6B25 2/4		6B25 2/4	6B25 4/2
		2		4B25		4B25
3	JKL4	1				

11.2　过梁钢筋的定义及绘制

(1) 在楼层信息框下拉菜单中选择“首层”，单击“模块导航栏”中的“过梁”，进入过梁定义界面，根据图纸输入 GL24 钢筋信息，不需要重新绘图，如图 11.2.1 所示。

	属性名称	属性值	附加
1	名称	GL24	
2	截面宽度(mm)	370	☐
3	截面高度(mm)	240	☐
4	全部纵筋	6⌀12	☐
5	上部纵筋		☐
6	下部纵筋		☐
7	箍筋	Φ6@200	☐
8	肢数	2	☐

图 11.2.1

(2) GL18、GL12 钢筋信息如表 11.2.1 所示，输入 JKL2、JKL3 和 JKL4 钢筋信息。

表 11.2.1

序　　号	构件名称	全部纵筋	箍　　筋	肢　　数
1	GL18	6B12	A6@200	2
2	GL12	4B12	A6@200	2

(3) 复制到二层。在定义界面中，楼层信息框下拉菜单中选择“第 2 层”，单击“从其

他楼层复制构件”，弹出提示框，如图 11.2.2 所示，单击“确定”按钮。

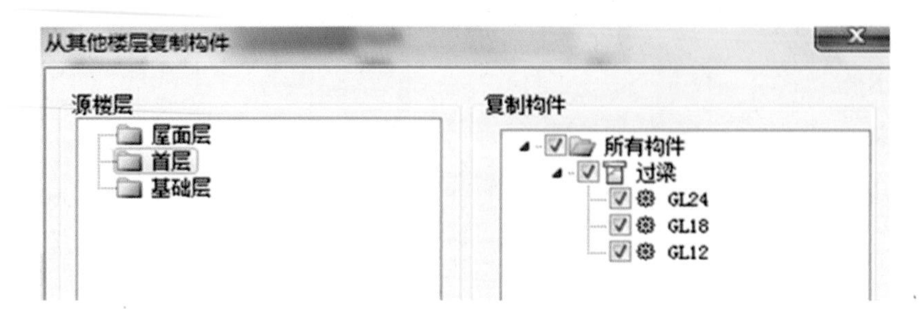

图 11.2.2

11.3 压顶钢筋的定义及绘制

(1) 楼层信息框下拉菜单中选择“屋面层”，双击“圈梁”，进入圈梁定义界面，在“属性编辑框”中输入压顶钢筋的信息，如图 11.3.1 所示。

(2) 单击“其它箍筋”，出现“…”，如图 11.3.2 所示，单击“…”，弹出提示“其他类型箍筋设置”对话框，单击“新建”按钮，根据图纸，输入相关信息，如图 11.3.3 所示，单击“确定”按钮。

	属性名称	属性值	附加
1	名称	压顶	
2	截面宽度(mm)	300	
3	截面高度(mm)	60	
4	轴线距梁左边线距离(mm)	(150)	
5	上部钢筋	3⌀6	
6	下部钢筋		
7	箍筋		
8	肢数	2	
9	其它箍筋		

图 11.3.1

7	箍筋		
8	肢数	2	
9	其它箍筋	…	
10	备注		
11	其它属性		

图 11.3.2

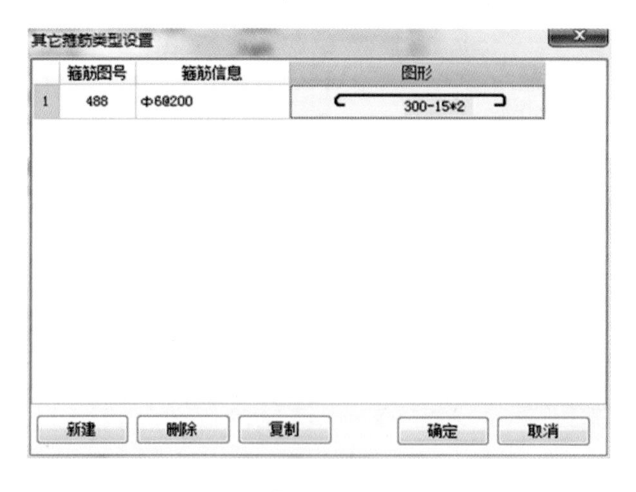

图 11.3.3

11.4　砌体加筋钢筋的定义及绘制

（1）单击“绘图”，进入绘图界面，单击“模块导航栏”中的“砌体加筋”，单击“自动生成砌体加筋”，弹出“参数设置”对话框，如图 11.4.1 所示，根据图纸，钢筋信息不用修改，勾选“整楼生成”。

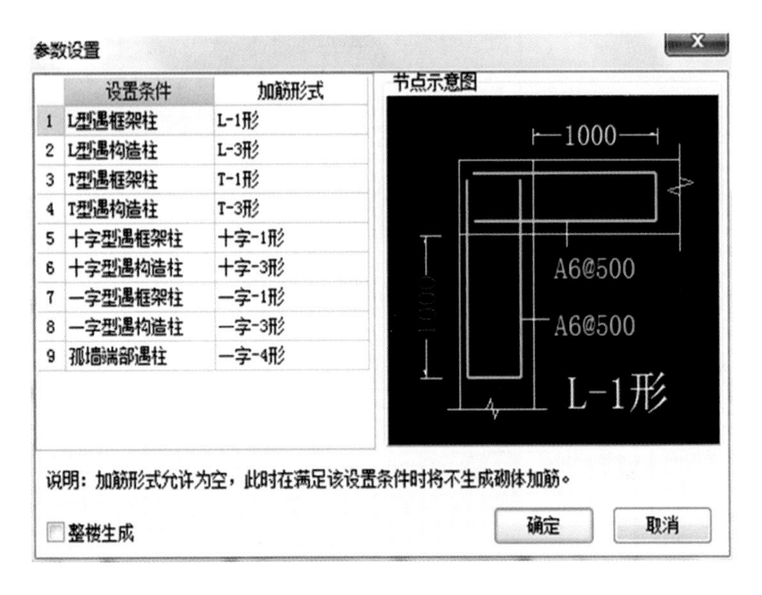

图 11.4.1

（2）单击“确定”按钮，弹出“楼层选择”对话框，勾选“所有楼层”，如图 11.4.2 所示，单击“确定”按钮，绘制完成，如图 11.4.3 所示。

图 11.4.2　　图 11.4.3

11.5　阳台钢筋的绘制

（1）在楼层信息框下拉菜单中选择“首层”，单击“模块导航栏”→“单构件输入”→“构件管理”→“其它”→“添加构件”，修改名称，如图 11.5.1 所示，单击“确定”按钮。

（2）单击“参数输入”，选择图集，根据图纸，选择适合的图形，如图 11.5.2 所示。

（3）单击“选择”，根据图纸，输入阳台信息，如图 11.5.3 所示，单击“计算退出”。

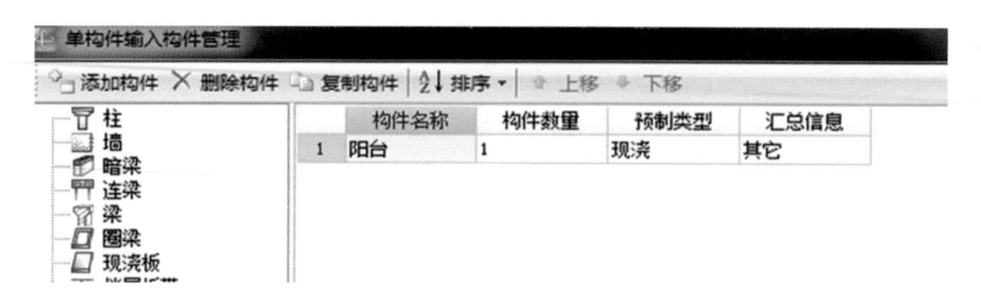

图 11.5.1

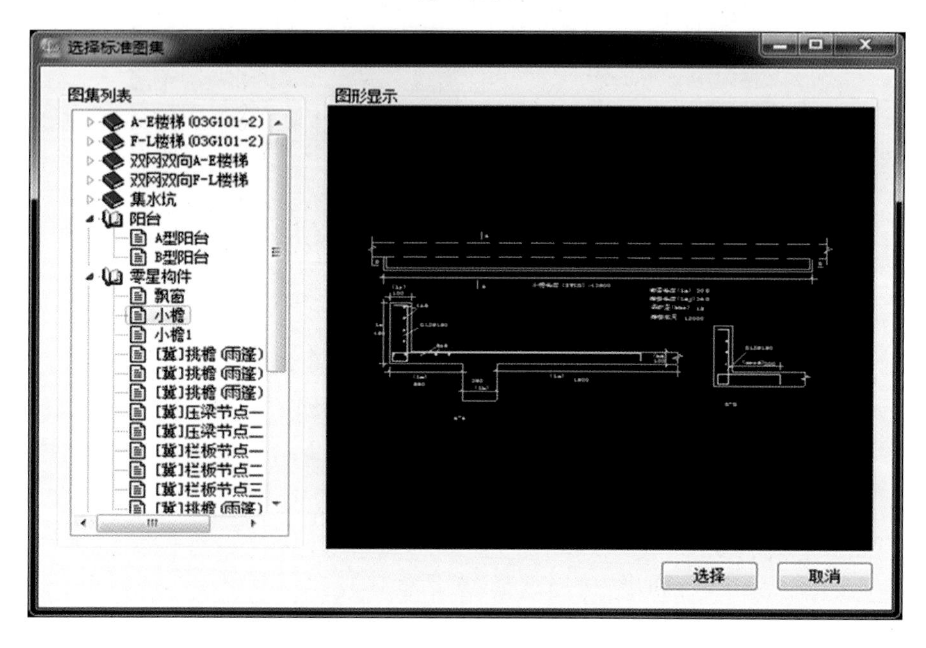

图 11.5.2

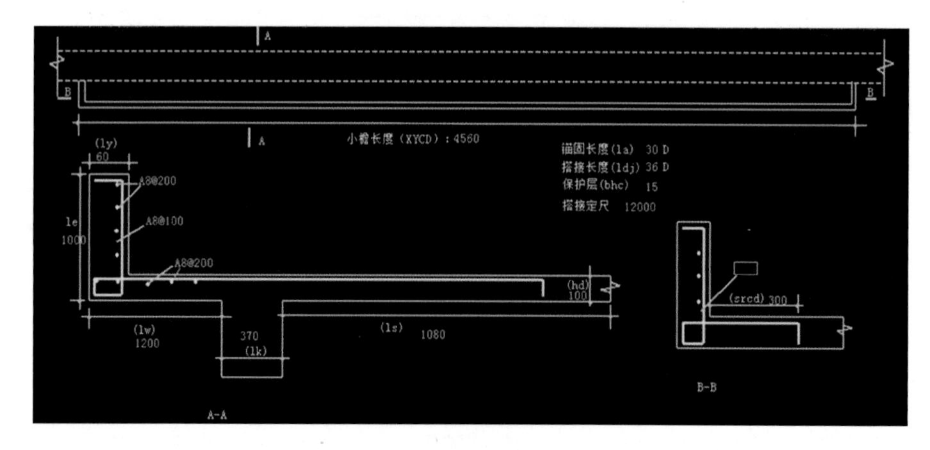

图 11.5.3

11.6 楼梯钢筋的绘制

(1) 单击“管理构件”→“楼梯”→“添加构件”,修改名称,如图 11.6.1 所示。

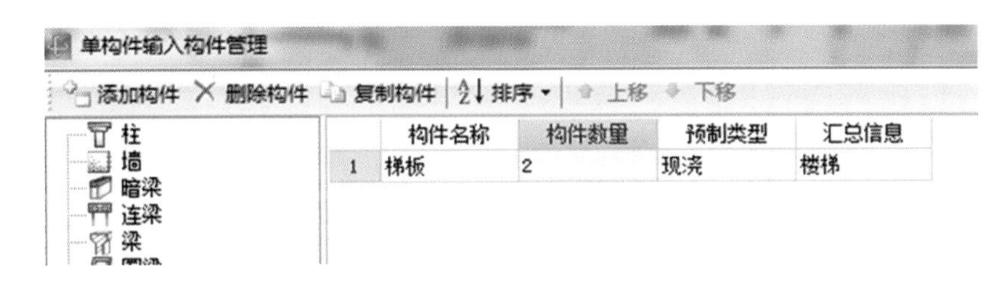

图 11.6.1

(2) 单击“参数输入”，选择图集，根据图纸，选择适合的图形，如图 11.6.2 所示。

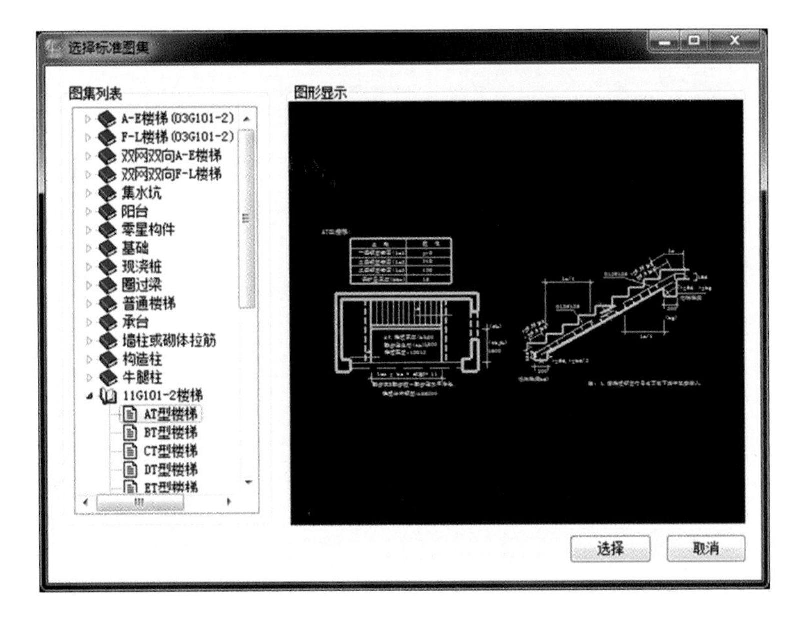

图 11.6.2

(3) 单击“选择”，根据图纸，输入楼梯信息，如图 11.6.3、图 11.6.4 所示，单击“计算退出”。

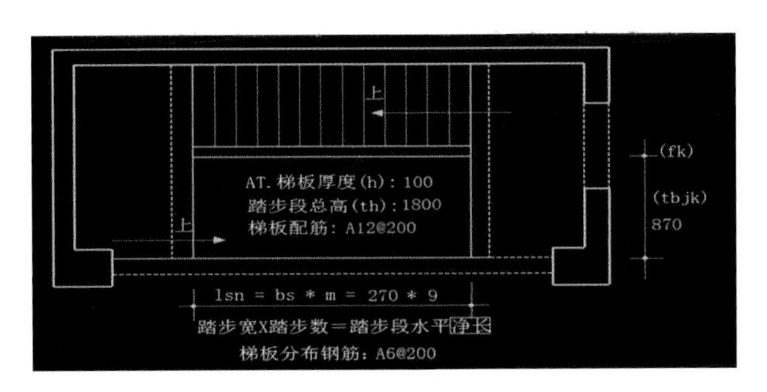

图 11.6.3

(4) 休息平台的绘制。单击“参数输入”，选择图集，根据图纸，选择适合的图形，如图 11.6.5 所示。

(5) 单击“选择”，根据图纸，输入休息平台信息，如图 11.6.6 所示，单击“计算退出”。

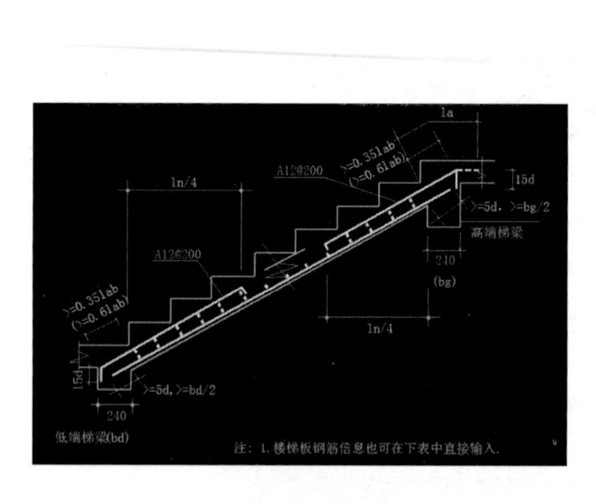

图 11.6.4

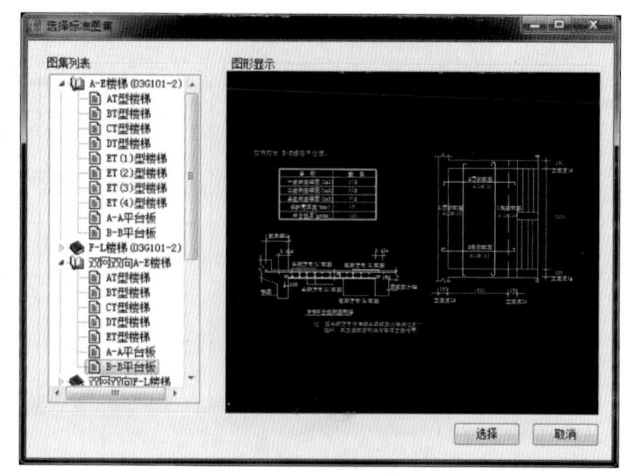

图 11.6.5

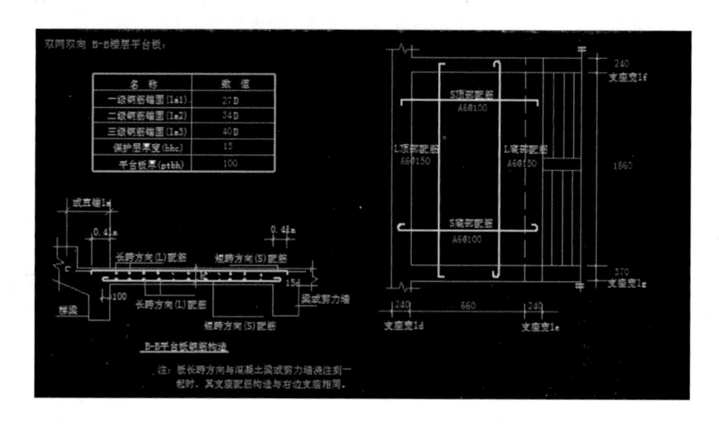

图 11.6.6

（6）梯梁钢筋的定义和绘制。单击“模块导航栏”中的“绘图输入”，进入绘图输入界面，双击“梁”，进入“梁”定义界面，单击“新建矩形梁”，根据图纸，输入 TL1 的信息，如图 11.6.7 所示。

（7）单击“绘图”，根据图纸位置绘制 TL1，如图 11.6.8 所示。

	属性名称	属性值	附加
1	名称	TL1	
2	类别	非框架梁	□
3	截面宽度(mm)	240	□
4	截面高度(mm)	400	□
5	轴线距梁左边线距离(mm)	(120)	□
6	跨数量		□
7	箍筋	Φ8@200(2)	□
8	肢数	2	
9	上部通长筋	3Φ20	□
10	下部通长筋	3Φ20	□
11	侧面构造或受扭筋(总配筋值)		□
12	拉筋		□

图 11.6.7

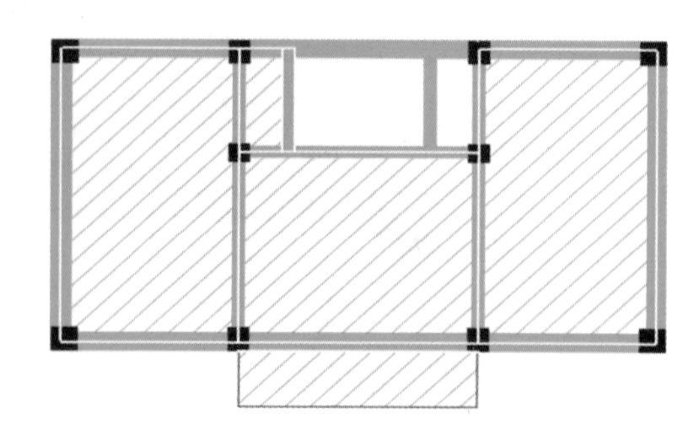

图 11.6.8

11.7　雨篷钢筋的绘制

（1）楼层信息框下拉菜单中选择“第 2 层”，单击“模块导航栏”中的“单构件输入”，单击“楼层”，如图 11.7.1 所示，单击“从其他楼层复制构件”，选择“首层”、“阳台”，如图 11.7.2 所示。

图 11.7.1

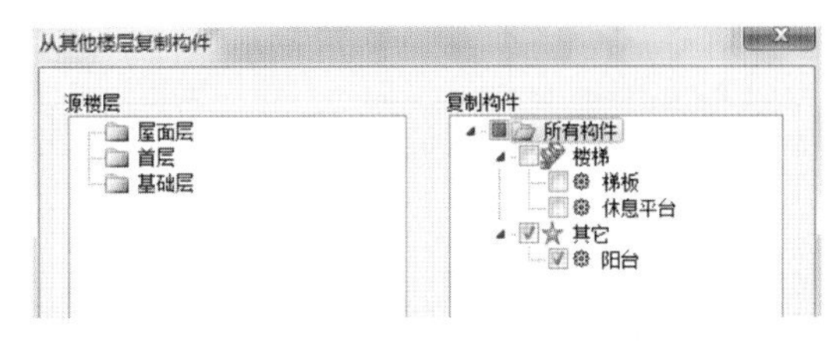

图 11.7.2

（2）修改构件名称，如图 11.7.3 所示，单击进入“参数输入”，修改参数，如图 11.7.4 所示，单击“计算退出”。

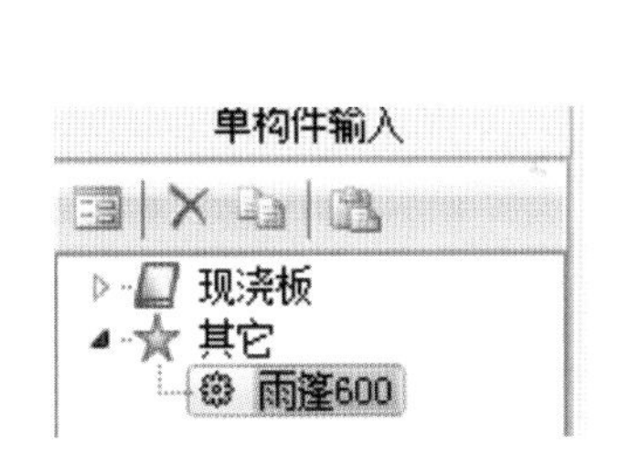

图 11.7.3

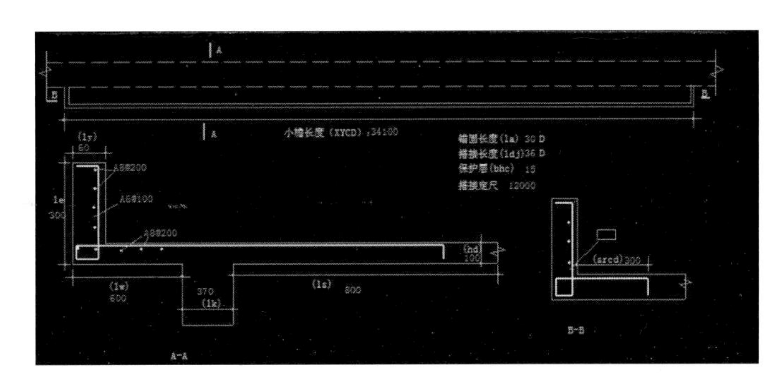

图 11.7.4

（3）复制“雨篷 600”，修改名称为“雨篷 1200”，单击进入“参数输入”，修改参数，如图 11.7.5 所示，单击“计算退出”。

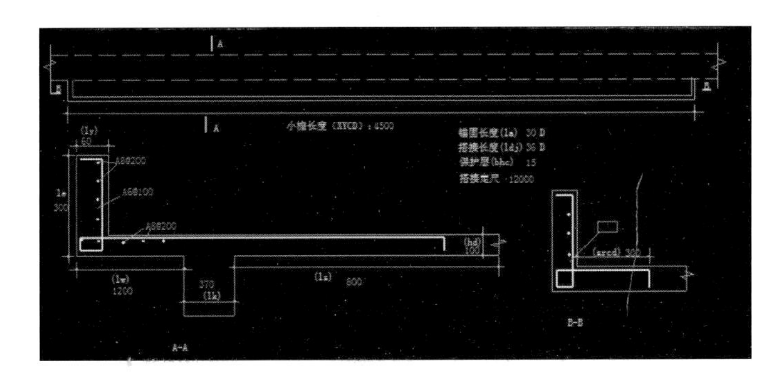

图 11.7.5

参考答案

构件类型	合　计	级别	6	8	10	12	16	18	0	22	25
构造柱	0.012	Ⅰ		0.012							
	0.05	Ⅱ				0.05					
砌体加筋	0.212	Ⅰ	0.212								
过梁	0.008	Ⅰ	0.008								
	0.03	Ⅱ				0.03					
压顶	0.016	Ⅰ	0.016								
	0.024	Ⅱ	0.024								
基础梁	0.87	Ⅰ				0.87					
	2.335	Ⅱ									2.335
筏板基础	4.242	Ⅱ						4.242			
楼梯	0.085	Ⅰ	0.024			0.061					
其他	0.266	Ⅰ	0.197	0.069							
合计	1.469	Ⅰ	0.457	0.081		0.931					
	6.681	Ⅱ	0.024			0.08		4.242			2.335

任务 12　培训楼工程清单计价

<table>
<tr><td colspan="2">能力训练任务或案例
通过学习和实操，完成项目(培训楼工程)任务：
1. 新建清单计价单位工程，导入广联达算量工程文件，添加钢筋工程量清单项并进行组价，并整理清单，编制工程造价文件；
2. 按实际要求调整市场价及各项费用、设计各报价表格式，进行导出打印预览。</td></tr>
<tr><td>能力(技能)目标
1. 按向导新建清单计价单位工程；
2. 正确导入广联达算量工程文件并整理清单；
3. 用软件编制工程造价文件；
4. 按要求适当调整人材机单价，检查各项费用指标的合理性；
5. 按要求完成各报价表格式设计，进行导出打印预览。</td><td>知识目标
1. 掌握按向导新建单位工程的操作；
2. 掌握导入广联达算量工程文件的操作，整理所导入清单及定额并核对各工程数量，完成预算书工程信息设置；
3. 添加钢筋工程量清单项并进行组价；
4. 掌握各清单项目的定额组价、措施及其他项目计价、费用汇总文件模板载入及修改、人材机市场价调整的操作；
5. 掌握各报价表格式设计及打印预览操作。</td></tr>
</table>

(1) 左键双击图标，进入“广联达计价软件 GBQ4.0”界面，如图 12.1.1 所示。

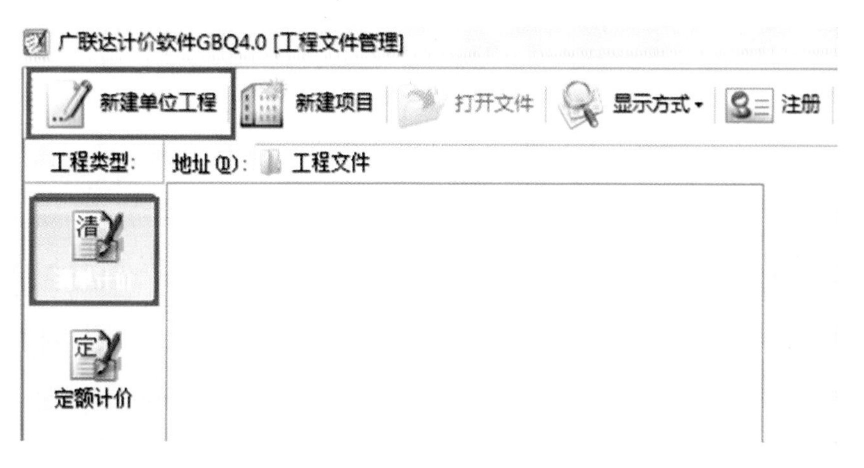

图 12.1.1

(2) 左键单击“新建单位工程”项，进入“新建单位工程”界面，填写“项目名称”、“结构类型”和“建筑面积”信息，如图 12.1.2 所示。

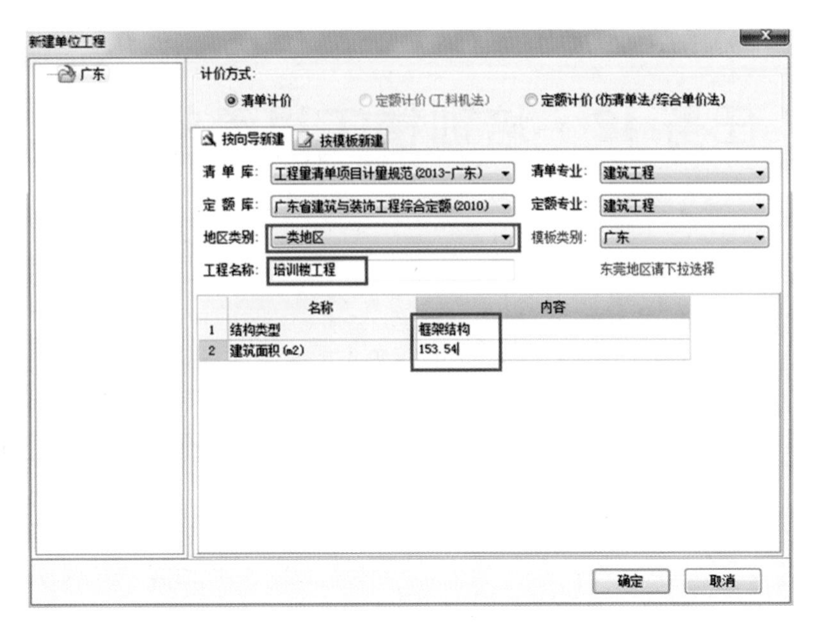

图 12.1.2

【注意】 “地区类别”如要修改可以在菜单下拉中修改,“结构类型”和“建筑面积”不填写也不影响造价,但是如果不填写“建筑面积”则计算不了单方造价。

(3) 单击“确定”按钮,进入“分部分项”界面,单击“导入导出”,选择“导入广联达土建算量工程文件”,如图 12.1.3 所示,弹出提示,如图 12.1.4 所示。

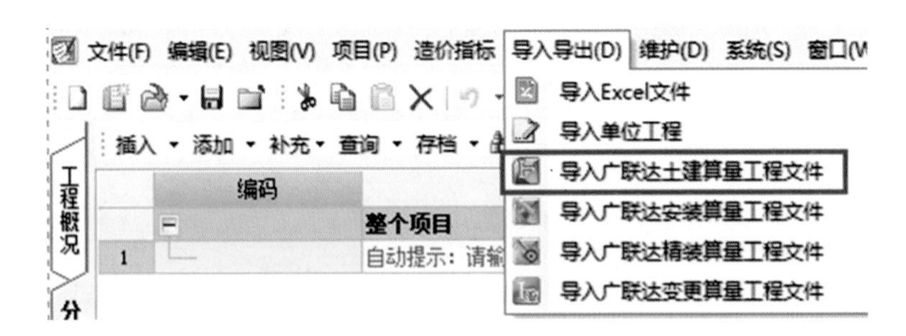

图 12.1.3

图 12.1.4

(4) 单击“浏览”,找出需要导入的文件,选择土建算量软件,单击“打开”如图 12.1.5 所示,选择实体项目清单,如图 12.1.6 所示,单击右下角“导入”,选择措施项目清单如图 12.1.7 所示,单击右下角“导入”,进入“分部分项”界面。

图 12.1.5

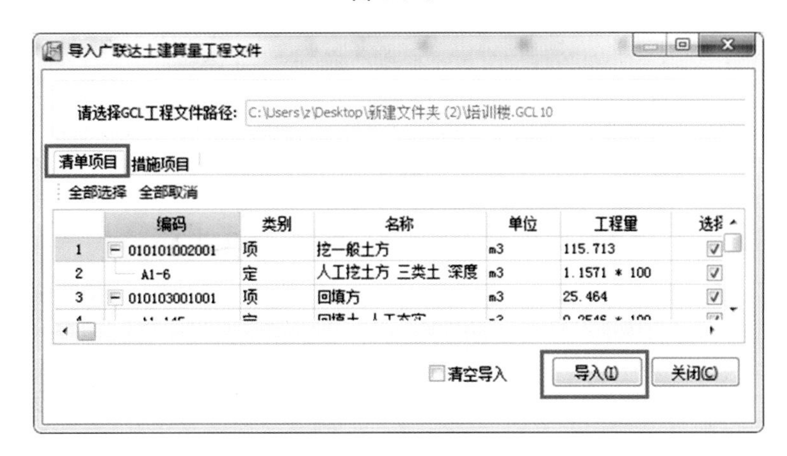

图 12.1.6

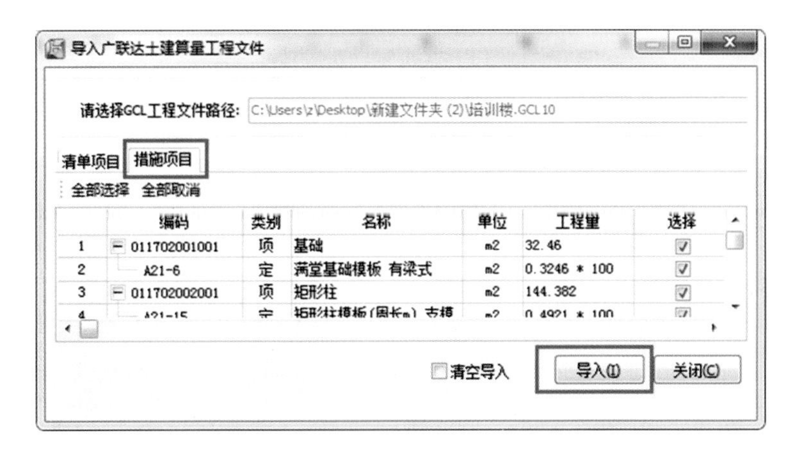

图 12.1.7

【拓展】 "导入""导出"功能除了可以直接进入页面,还有"导入 Excel 文件"等等,在此,以"导入 Excel 文件"为例,详细讲解。

选择"导入 Excel 文件",弹出选择界面,在界面左边选择"分部分项工程量清单",单击"选择",如图 12.1.8 所示,选择需要导入的 Excel 表格,单击"打开",如图 12.1.9 所示,把所有的定额行进行"行识别",识别成"子目",如图 12.1.10 所示。再选择"措施项目清单",单击"可计量措施清单",单击"选择",如图 12.1.11 所示,选择需要导入的

Excel 表格，单击“打开”，如图 12.1.12 所示，把“工程量”列识别成“工程数量”，如图 12.1.13 所示，把所有的定额行进行“行识别”，识别成“子目”，如图 12.1.14 所示。

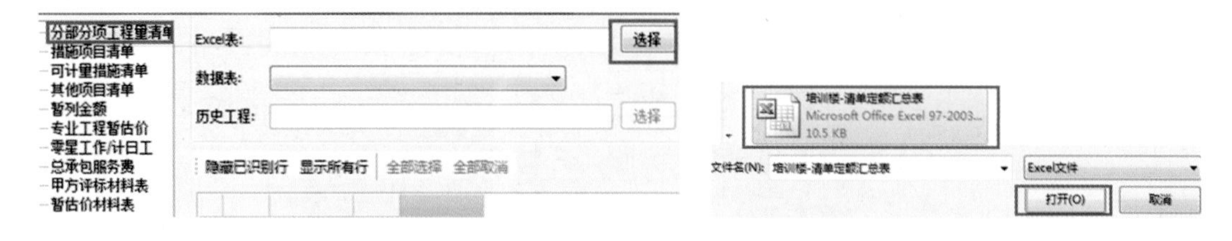

图 12.1.8　　　　图 12.1.9

图 12.1.10

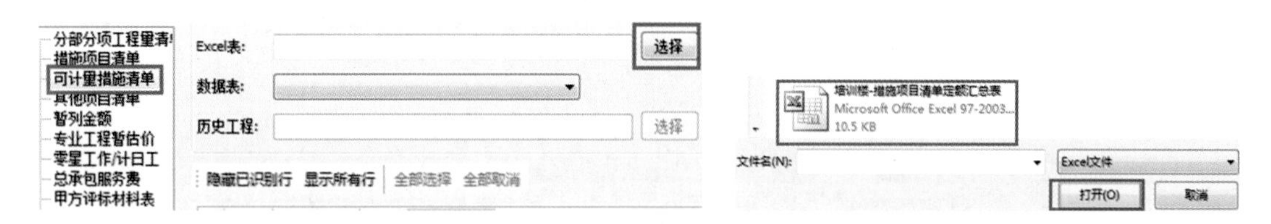

图 12.1.11　　　　图 12.1.12

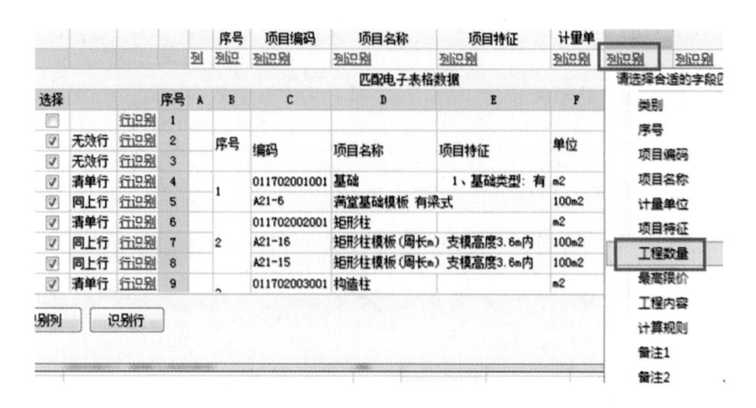

图 12.1.13

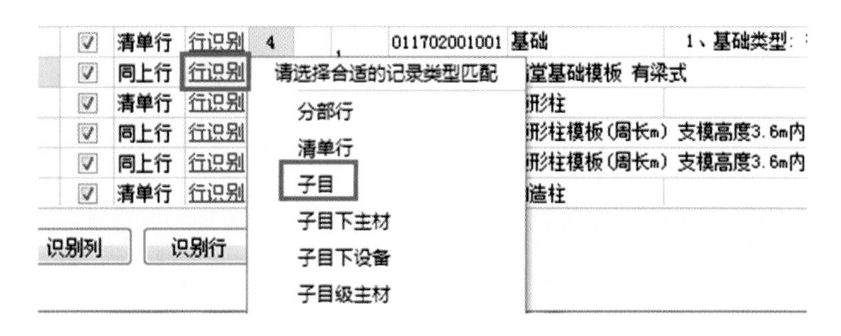

图 12.1.14

（5）单击“整理清单”、“分布整理”，弹出提示“分布整理”界面，选择前面两项，如图 12.1.15 所示，单击确定，进行清单专业和章节整理。

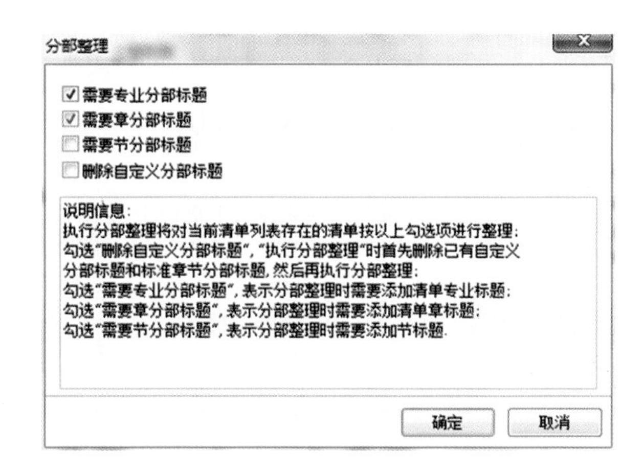

图 12.1.15

【拓展】　建筑物高度超过 20m 时，要记取超高降效，单击界面中的“超高降效”，选择“记取超高降效”，如图 12.1.16 所示，在弹出的窗口中，选择正确的参数，单击“确定”，如图 12.1.17 所示。

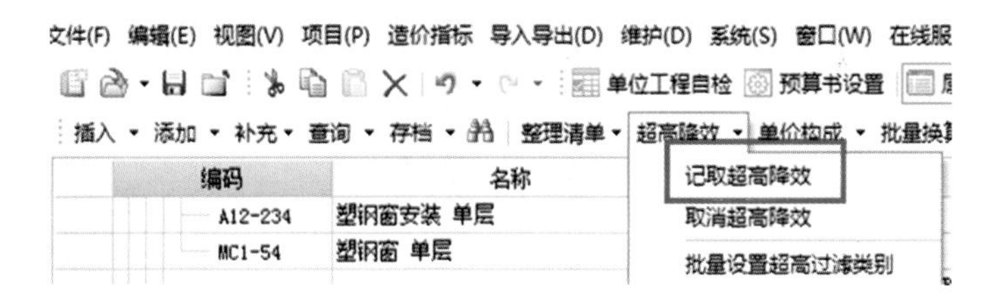

图 12.1.16

如要对综合单价组成进行修改，下面以添加“风险费”为例，单击界面上的“单价构成”，选择“单价构成”，如图 12.1.18 所示，在弹出的窗口中，单击鼠标右键，单击“插入”，如图 12.1.19 所示，在插入栏中输入风险费的参数，如图 12.1.20 所示。

（6）单击“其他”，选择“建筑面积 300 m^2 以下增加费调整”，如图 12.1.21 所示，根据定额总说明，在弹出窗口中输入信息，单击“确定”，如图 12.1.22 所示。

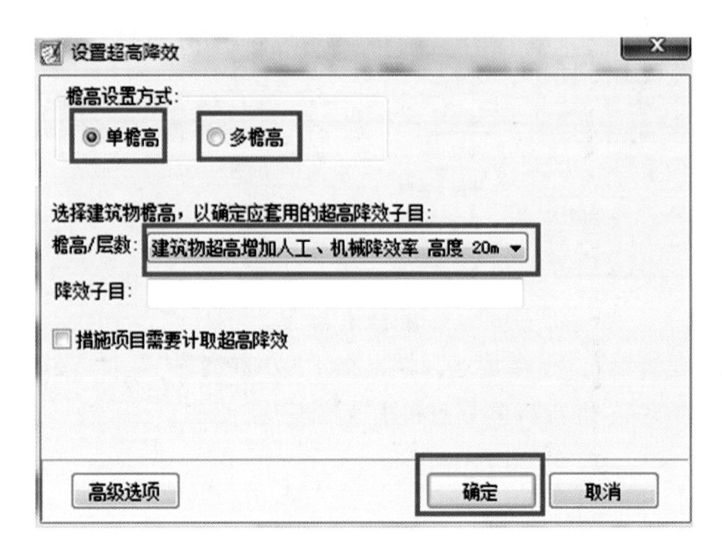

图 12.1.17

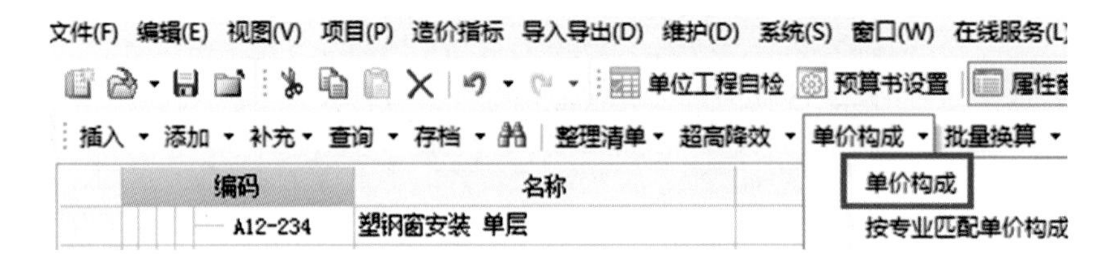

图 12.1.18

载入模板 上移 下移 查询费用代码 查询费率　　单价构成文件：建筑工程

费用代号	名称	计算基数	基数说明	费率(%)	费用类别
A	定额直接费	A1+A2+A3+A4	人工费+材料费+机械费+管理费		直接费
A1	人工费	RGF	人工费		人工费
A2	材料费	CLF+ZCF+SBF	材料费+主材费+设备费		材料费
A3	机械费	JXF	机械费		机械费
A4	管理费	GLF	管理费		管理费
B	利润	A1	人工费	18	利润
C	综合单价	A+B	定额直接费+利润		工程造价

图 12.1.19

序号	费用代号	名称	计算基数	基数说明	费率(%)	费用类别
1	A	定额直接费	A1+A2+A3+A4	人工费+材料费+机械费+管理费		直接费
1.1	A1	人工费	RGF	人工费		人工费
1.2	A2	材料费	CLF+ZCF+SBF	材料费+主材费+设备费		材料费
1.3	A3	机械费	JXF	机械费		机械费
1.4	A4	管理费	GLF	管理费		管理费
2	B	利润	A1	人工费	18	利润
3	C	综合单价	A+B	定额直接费+利润		工程造价
4	D	风险费				

图 12.1.20

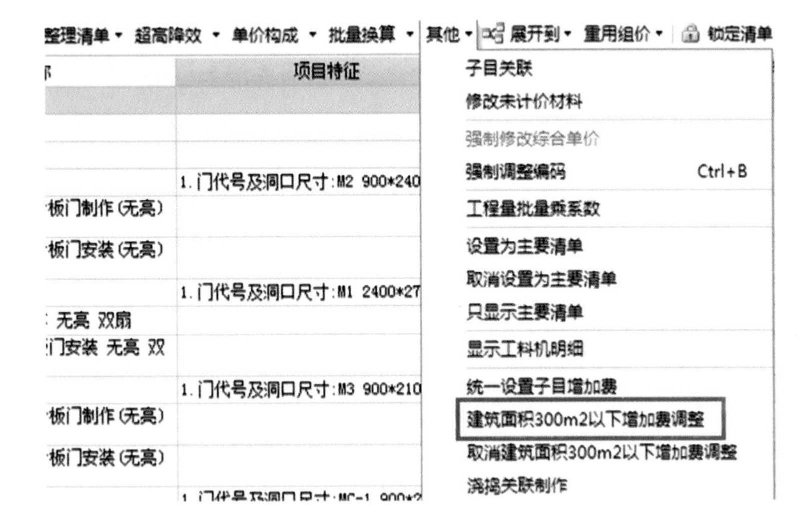

图 12.1.21

(7) 单击“展开到”,选择“展开所有”,如图 12.1.23 所示。

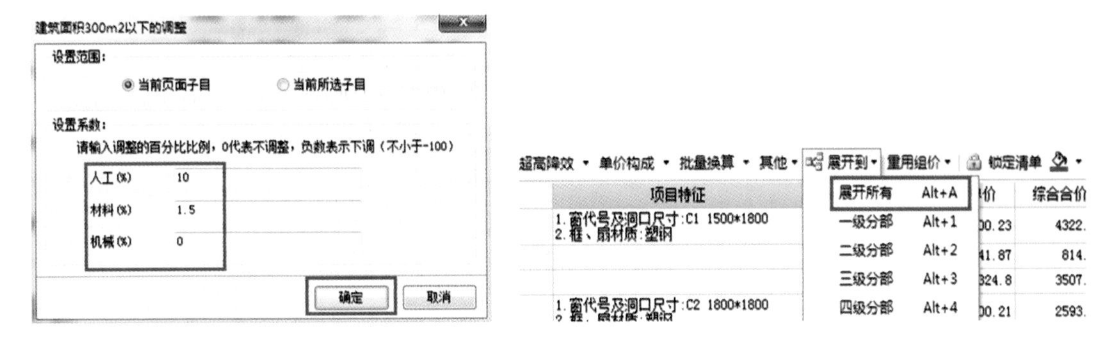

图 12.1.22　　图 12.1.23

(8) 其中紫红色字体为未计价材料,要进行换算,换算方式有单个换算和批量换算两种,如要换算的材料中未计价材料在整个列表中只有一条,则采用单个换算,如图 12.1.24所示。根据项目特征,图中的“砖基础”未计价材料要换成“M7.5 水泥砂浆”,双击未计价材料的编码,在弹出的窗口中选择有价格的“水泥砂浆 M7.5”,单击右上角“替换”,如图 12.1.25 所示。

【注】 在选择了换算的材料后，如果单击“插入”(或双击鼠标左键)只能插入材料，这时这条材料只有单价没有量，最后的总价还是零。

(9) 如要换算的未计价材料在整个列表中有好几条，这时采用批量换算，按住“Ctrl”的同时，左键单击未计价材料的定额编码，然后单击“批量换算”，如图 12.1.26 所示。在弹出的窗口中，选择未计价材料，单击左上角的“替换人材机”，如图 12.1.27 所示，在弹出的“查询”窗口，根据项目特征说明，选择正确材料，如图 12.1.28 所示，单击“替换”，然后在“替换人材机”窗口中单击确定，换算完成，如图 12.1.29 所示。

编码	名称	项目特征
010401001001	砖基础	1.砖品种、规格、强度等级:标准砖 240*115*53 MU10 2.基础类型:满堂基础 3.砂浆强度等级:M7.5水泥砂浆
A3-1	砖基础	
800143	含量：水泥砂浆	

图 12.1.24

插入(I) 替换(R)

	编码	名称	规格型号	单位	预算价
117	8001406	白水泥砂浆	1:3	m3	0
118	8001581	含量：垂直运输		m3	0
119	8001586	含量：垂直运输		t	0
120	8001596	预拌砂浆（干拌）		m3	408.35
121	8001601	水泥石灰砂浆	M2.5	m3	160.09
122	8001606	水泥石灰砂浆	M5	m3	169.84
123	8001611	水泥石灰砂浆	M7.5	m3	181.33
124	8001616	水泥石灰砂浆	M10	m3	196.73
125	8001621	水泥砂浆	M2.5	m3	130.15
126	8001626	水泥砂浆	M5	m3	151.08
127	8001631	水泥砂浆	M7.5	m3	172.01

图 12.1.25

添加 ▾ 补充 ▾ 查询 ▾ 存档 ▾ | 整理清单 ▾ 超高降效 ▾ 单价构成 ▾ 批量换算 ▾ 其他 ▾

编码	名称	项目特征
010401003001	实心砖墙	1.砖品种、规格、强度等级:标准砖 240*115*53 MU10 2.墙体类型:外墙 3.砂浆强度等级、配合比:M5水泥石灰砂浆
A3-8	混水砖外墙 墙体厚度 1砖半	
8001436	含量：水泥石灰砂浆	
010401003002	实心砖墙	1.砖品种、规格、强度等级:标准砖 240*115*53 MU10 2.墙体类型:内墙 3.砂浆强度等级、配合比:M5水泥石灰砂浆
A3-15	混水砖内墙 墙体厚度 1砖	
8001436	含量：水泥石灰砂浆	
010401003003	实心砖墙	1.砖品种、规格、强度等级:标准砖 240*115*53 MU10 2.墙体类型:女儿墙 3.砂浆强度等级、配合比:M5水泥石灰砂浆
A3-6	混水砖外墙 墙体厚度 1砖	
8001436	含量：水泥石灰砂浆	

图 12.1.26

替换人材机　删除人材机　恢复

编码	类别	名称	规格型号	单位	调整系数前数量	调整系数后数量	预算价
0001001	人	综合工日		工日	99.5268	99.5268	51
0413001	材	标准砖	240×115×53	千块	39.6572	39.6572	270
9946131	材	其他材料费		元	140.6257	140.6257	1
3115001	材	水		m3	7.976	7.976	2.8
0503051	材	松杂板枋材		m3	0.109	0.109	1313.52
0401013	材	复合普通硅酸盐水泥	P.C 32.5	t	0.2649	0.2649	317.07
0351021	材	圆钉	50～75	kg	2.3998	2.3998	4.36
8001436	主	含量：水泥石灰砂浆	M5.0（制作）	m3	17.4118	17.4118	0
9946605	管	管理费		元	698.6102	698.6102	1

图 12.1.27

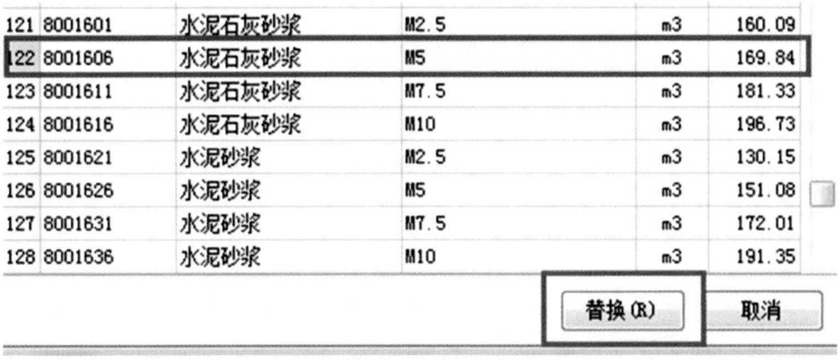

121	8001601	水泥石灰砂浆	M2.5	m3	160.09
122	8001606	水泥石灰砂浆	M5	m3	169.84
123	8001611	水泥石灰砂浆	M7.5	m3	181.33
124	8001616	水泥石灰砂浆	M10	m3	196.73
125	8001621	水泥砂浆	M2.5	m3	130.15
126	8001626	水泥砂浆	M5	m3	151.08
127	8001631	水泥砂浆	M7.5	m3	172.01
128	8001636	水泥砂浆	M10	m3	191.35

替换(R)　取消

图 12.1.28

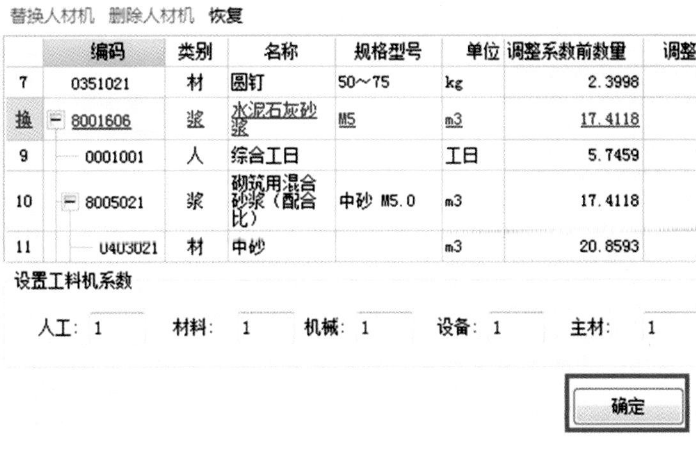

替换人材机　删除人材机　恢复

	编码	类别	名称	规格型号	单位	调整系数前数量	调整
7	0351021	材	圆钉	50～75	kg	2.3998	
换	8001606	浆	水泥石灰砂浆	M5	m3	17.4118	
9	0001001	人	综合工日		工日	5.7459	
10	8005021	浆	砌筑用混合砂浆（配合比）	中砂 M5.0	m3	17.4118	
11	0403021	材	中砂		m3	20.8593	

设置工料机系数

人工：1　材料：1　机械：1　设备：1　主材：1

确定

图 12.1.29

【注】 在"替换人材机"窗口中判断未计价材料方法：查看预算价，预算价为零的为未计价材料。

(10) 混凝土的换算方法一样，根据说明，本工程采用商品混凝土，换算如图 12.1.30 所示。"石材踢脚线"的粘贴材料为"水玻璃耐酸砂浆"，双击未计价材料的编码，如图 12.1.31 所示。在弹出的窗口中左键单击"特种砂浆"，在窗口右侧选择"水玻璃耐酸砂浆"，单击"替换"，如图 12.1.32 所示。"墙面一般抹灰"的底层砂浆为"1∶2∶8 混合砂浆”,双击未计价材料的编码,如图 12.1.33 所示。在弹出的窗口中左键单击“石灰砂浆”,右边选择“1∶2∶8 水泥石灰砂浆”,单击“替换”,如图 12.1.34 所示。

237	8021901	普通商品混凝土 碎石粒径20石	C10	m3	220
238	8021902	普通商品混凝土 碎石粒径20石	C15	m3	230
239	8021903	普通商品混凝土 碎石粒径20石	C20	m3	240
240	8021904	普通商品混凝土 碎石粒径20石	C25	m3	250
241	8021905	普通商品混凝土 碎石粒径20石	C30	m3	260

图 12.1.30

编码	名称	项目特征
011105002001	石材踢脚线	1. 踢脚线高度:120 2. 粘贴层厚度、材料种类:20厚水玻璃耐酸砂浆铺贴 3. 面层材料品种、规格、颜色:10厚大理石板,稀水泥浆(或彩色水泥浆)擦缝
A9-40	踢脚线 水泥砂浆	
8001426	含量:水泥砂浆	

图 12.1.31

8003 石灰砂浆
8005 混合砂浆
8007 特种砂浆
8009 其它砂浆
8011 灰浆、水
8013 石子浆
8015 胶泥、脂
8021 水泥混凝
8023 轻质水泥

49	8007371	硫磺砂浆	1:0.35:0.6:0.05	m3	0
50	8007381	硫磺砂浆	1:0.35:0.6:0.06	m3	4000
51	8007441	耐碱砂浆(配合比)	1:1	m3	1346.85
52	8007451	耐碱砂浆(配合比)	1:2	m3	1746.94
53	8007221	水玻璃耐酸砂浆	1: 0.17: 1.1:1:2.6	m3	1896.5
54	8007531	水泥防水砂浆	1:1	m3	407.68
55	8007541	水泥防水砂浆	1:2	m3	307.8

图 12.1.32

011201001001	墙面一般抹灰	1. 墙体类型:砖墙 2. 底层厚度、砂浆配合比:10厚1:2:8混合砂浆打底 3. 面层厚度、砂浆配合比:3厚纸筋灰面 4. 装饰面材料种类:刷乳胶漆二遍
A10-11	各种墙面 水泥石灰砂浆底 纸筋灰面 15+3mm	
8001546	含量:水泥石灰砂浆	
A16-187	抹灰面乳胶漆 墙柱面 二遍	

图 12.1.33

80 砼、砂浆及其它
8001 水泥砂浆
8003 石灰砂浆
8005 混合砂浆
8007 特种砂浆
8009 其它砂浆
8011 灰浆、水
8013 石子浆

16	8003151	石灰砂浆	1:2	m3	146.15
17	8003161	石灰砂浆	1:2.5	m3	138.48
18	8003171	石灰砂浆	1:3	m3	130.58
19	8003181	水泥石灰砂浆	1:0.3:4	m3	193.38
20	8003191	水泥石灰砂浆	1:1:6	m3	173.42
21	8003201	水泥石灰砂浆	1:2:8	m3	166.68
22	8003211	水泥石灰砂浆	1:3:9	m3	168.77

图 12.1.34

(11) 输入钢筋。单击软件第五章最后一条清单,单击“添加”,“添加清单项”,如图

12.1.35所示，在所选清单下方添加一条清单，双击清单编码，如图 12.1.36 所示，根据钢筋软件中的定额编码，选择对应的定额，如图 12.1.37 所示。

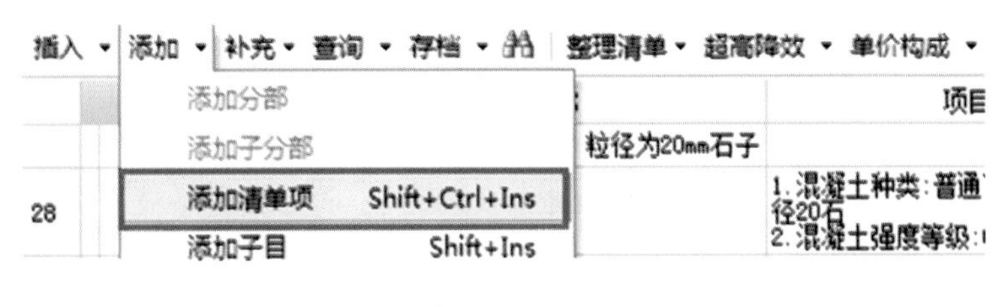

图 12.1.35

图 12.1.36

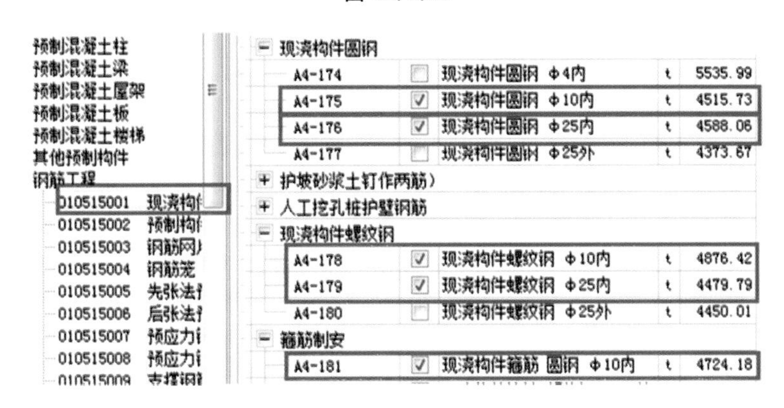

图 12.1.37

单击右上角的“插入清单”，根据钢筋软件，定额 A4-182 没有选项，可直接在定额编码中输入 A4-182，回车确定，如图 12.1.38 所示，根据钢筋软件中的工程量在定额栏中输入数字，清单工程量等于定额工程量之和。接头清单和定额操作类似，然后根据钢筋软件中的工程量输入数字。

010515001001	现浇构件钢筋		t	1
A4-175	现浇构件圆钢 Φ10内		t	1
A4-176	现浇构件圆钢 Φ25内		t	1
A4-178	现浇构件螺纹钢 Φ10内		t	1
A4-179	现浇构件螺纹钢 Φ25内		t	1
A4-181	现浇构件箍筋 圆钢 Φ10内		t	1
A4-182	自动提示：请输入名称简称			0

图 12.1.38

(12) 单击“措施项目”，进入措施项目界面，双击“综合脚手架”清单编码，如图 12.1.39 所示，在弹出的窗口中选择清单和定额，如图 12.1.40 所示，点击右上角“插入清单”，输入工程量，如图 12.1.41 所示，里脚手架类似，如图 12.1.42 所示。

	措施项目	
1	安全文明施工措施费	
1.1	综合脚手架（含安全网）	项
	自动提示：请输入名称简称	项

图 12.1.39

措施项目
- 脚手架工程
  - 粤011701008 综合
  - 粤011701009 单排
  - 粤011701010 满堂
  - 粤011701011 里脚

A22-1	☐	综合钢脚手架 高度(m以内) 4.5	100m2	988.44
A22-2	☑	综合钢脚手架 高度(m以内) 12.5	100m2	1781.95
A22-3	☐	综合钢脚手架 高度(m以内) 20.5	100m2	2508.35
A22-4	☐	综合钢脚手架 高度(m以内) 30.5	100m2	3385.32
A22-5	☐	综合钢脚手架 高度(m以内) 40.5	100m2	3805.09

图 12.1.40

序号	类别	名称	单位	计费	工程量
		措施项目			
1		安全文明施工措施费			
1.1		综合脚手架（含安全网）	项		1
粤011701008		综合钢脚手架	m2		320.1
A22-2	定	综合钢脚手架 高度(m以内) 12.5	100m		3.201

图 12.1.41

序号	类别	名称	单位	计费	工程量
		措施项目			
1.2		内脚手架	项		1
粤011701011		里脚手架	m2		153.54
A22-28	定	里脚手架(钢管) 民用建筑 基本层3.6m	100m2		1.5354

图 12.1.42

(13) 选择所有模板清单和定额，右键选择“剪切”，找到模板工程下列子目，粘贴，如图 12.1.43 所示。

20	2.5		模板工程	项			1
21	粤010901001		基础模板	m2			24.2667
	A21-6	定	满堂基础模板 有梁式	100m2			0.2427
22	粤010901002		柱模板	m2			26.264
	A21-15	定	矩形柱模板(周长m) 支模高度3.6m内 1.8内	100m2			0.2626
23	粤010901002		柱模板	m2			125.983
	A21-16	定	矩形柱模板(周长m) 支模高度3.6m内 1.8外	100m2			1.2598
24	粤010901002		柱模板（构造柱）	m2			3.456
	A21-15	定	矩形柱模板(周长m) 支模高度3.6m内 1.8内	100m2			0.0346
25	粤010901003		梁模板	m2			20.1852
	A21-126	定	预制混凝土构件模板制安 过梁、压顶	10m3			2.0185

图 12.1.43

(14) 单击“其他项目”，进入“其他项目”界面，如图 12.1.44 所示，如有需要，双击项目名称，进入输入数据界面。

新建独立费
- 其他项目
  - 暂列金额
  - 专业工程暂估价
  - 计日工费用
  - 总承包服务费
  - 签证及索赔计价表
  - 材料检验试验费
  - 工程优质费
  - 材料保管费
  - 预算包干费

	序号	名称	计算基数	费率(%)	金额
1		其他项目			
2	1	材料检验试验费	材料检验试验费		
3	2	工程优质费	工程优质费		
4	3	暂列金额	暂列金额		
5	4	暂估价	ZGJCLHJ+专业工程暂估价		
6	4.1	材料暂估价	ZGJCLHJ		
7	4.2	专业工程暂估价	专业工程暂估价		
8	5	计日工	计日工		

图 12.1.44

(15) 双击“材料检验试验费”，输入数据，如图 11.1.45 所示。

序号	名称	计量单位	取费基数	费率(%)	金额
1	材料检验试验费		FBFXHJ	0.3	1152.313

图 12.1.45

(16) 双击  安装信息价，单击“人材机汇总”，单击“载价”，如图 12.1.46 所示，选

择所要载入的市场价，如图 12.1.47 所示，单击“确定”，在弹出的窗口中选择“是”。

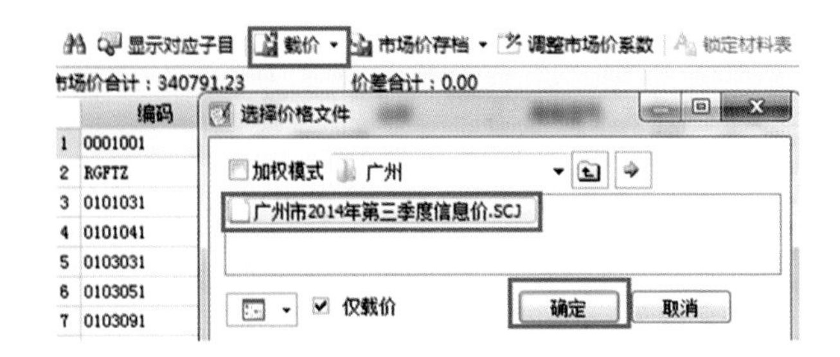

图 12.1.46

（17）单击费用汇总，输入规费费率和税金费率，如图 12.1.34 所示。

4	_GF	规费	GFHJ	规费合计		439.84
4.1	GCPWF	工程排污费	_FHJ+_CHJ+_QTXM	分部分项合计+措施合计+其他项目	0	0.00
4.2	SGZYPWF	施工噪音排污费	_FHJ+_CHJ+_QTXM	分部分项合计+措施合计+其他项目	0	0.00
4.3	FHGCWHF	防洪工程维护费	_FHJ+_CHJ+_QTXM	分部分项合计+措施合计+其他项目	0.1	439.84
4.4	WXZYYWSHBXF	危险作业意外伤害保险费	_FHJ+_CHJ+_QTXM	分部分项合计+措施合计+其他项目	0	0.00
5	_SJ	税金	_FHJ+_CHJ+_QTXM+_GF	分部分项合计+措施合计+其他项目+规费	3.527	15,528.68

图 12.1.47

（18）单击“报表”，选择投标方或招标方，单击“批量导出到 Excel”，选择所需导出的表格，如图 12.1.48 所示，单击“确定”，弹出保存文件提示，如图 12.1.49 所示，单击确定。

图 12.1.48

图 12.1.49

单位工程投标价汇总表

工程名称:培训楼　　　　　　第 1 页 共 1 页

序　号	汇 总 内 容	金额/元	其中:暂估价/元
1	分部分项合计	384104.38	
1.1	A建筑工程	384104.38	
2	措施合计	54583.71	
2.1	安全防护、文明施工措施项目费	21999.31	
2.2	其他措施费	32584.4	
3	其他项目	1152.31	
3.1	材料检验试验费	1152.31	
3.2	工程优质费		
3.3	暂列金额		
3.4	暂估价		
3.5	计日工		
3.6	总承包服务费		
3.7	材料保管费		
3.8	预算包干费		
3.9	索赔费用		
3.10	现场签证费用		
4	规费	439.84	
5	税金	15528.68	
6	总造价	455808.92	
7	人工费	109484.57	
投标报价合计=1+2+3+4+5		455808.92	

分部分项工程和单价措施项目清单与计价表

工程名称:培训楼工程　　　　第 1 页 共 8 页

序号	项目编码	项目名称	项目特征描述	计量单位	工程量	金额/元		
						综合单价	合价	其中 暂估价
1	010101002001	挖一般土方	1. 土壤类别:三类土 2. 挖土深度:1150 mm	m^3	115.713	37.1	4292.95	
2	010103001001	回填方	填方来源、运距:移挖作填	m^3	25.464	33.4	850.5	
3	010401001001	砖基础	1. 砖品种、规格、强度等级:标准砖 240×115×53 MU10 2. 基础类型:满堂基础 3. 砂浆强度等级:M7.5 水泥砂浆	m^3	14.601	340.88	4977.19	
4	010401003001	实心砖墙	1. 砖品种、规格、强度等级:标准砖 240×115×53 MU10 2. 墙体类型:外墙 3. 砂浆强度等级、配合比:M5 水泥石灰砂浆	m^3	51.3405	389.37	19990.45	
5	010401003002	实心砖墙	1. 砖品种、规格、强度等级:标准砖 240×115×53 MU10 2. 墙体类型:内墙 3. 砂浆强度等级、配合比:M5 水泥石灰砂浆	m^3	18.0503	378.23	6827.16	
6	010501001001	垫层	1. 混凝土种类:普通商品混凝土,碎石粒径 20 石 2. 混凝土强度等级:C15	m^3	8.856	519.4	4599.81	
7	010501004001	满堂基础	1. 混凝土种类:普通商品混凝土,碎石粒径 20 石 2. 混凝土强度等级:C30	m^3	29.047	558.34	16218.1	
8	010502001001	矩形柱	1. 混凝土种类:普通商品混凝土,碎石粒径 20 石 2. 混凝土强度等级:C25	m^3	15.264	573.91	8760.16	
9	010502001003	矩形柱	1. 混凝土种类:普通商品混凝土,碎石粒径 20 石 2. 混凝土强度等级:C30	m^3	2.544	584.01	1485.72	

分部分项工程和单价措施项目清单与计价表

工程名称:培训楼工程　　　　　　　　　　　　　　　　　　　　第 2 页 共 8 页

序号	项目编码	项目名称	项目特征描述	计量单位	工程量	金额/元		
						综合单价	合价	其中 暂估价
10	010502002001	构造柱	1. 混凝土种类:普通商品混凝土,碎石粒径 20 石 2. 混凝土强度等级:C25	m^3	0.3387	652.54	221.02	
11	010503005001	过梁	1. 混凝土种类:商品混凝土 2. 混凝土强度等级:C25	m^3	1.9554	630.27	1232.43	
12	010505001001	有梁板	1. 混凝土种类:普通商品混凝土,碎石粒径 20 石 2. 混凝土强度等级:C25	m^3	27.5416	925.37	25486.17	
13	010505006001	栏板	1. 混凝土种类:普通商品混凝土,碎石粒径 20 石 2. 混凝土强度等级:C25	m^3	0.8729	689.42	601.79	
14	010505008001	雨篷、悬挑板、阳台板	1. 混凝土种类:普通商品混凝土,碎石粒径 20 石 2. 混凝土强度等级:C25	m^3	3.1368	614.75	1928.35	
15	010506001001	直形楼梯	1. 混凝土种类:普通商品混凝土,碎石粒径 20 石 2. 混凝土强度等级:C25	m^3	1.4698	591.43	869.28	
16	010507001001	散水、坡道	1. 垫层材料种类、厚度:80 厚 C10 混凝土垫层 2. 面层厚度:一次抹光 3. 变形缝填塞材料种类:沥青砂浆嵌缝	m^2	18.975	38.44	729.4	
17	010507004001	台阶	1. 踏步高、宽:150 mm 高、300 mm 宽 2. 混凝土种类:普通商品混凝土,碎石粒径 20 石 3. 混凝土强度等级:C20	m^2	1.9845	535.37	1062.44	
18	010507005001	扶手、压顶	1. 断面尺寸:300 mm×60 mm 2. 混凝土种类:普通商品混凝土,碎石粒径 20 石 3. 混凝土强度等级:C25	m^3	0.6067	6826.77	4141.8	

分部分项工程和单价措施项目清单与计价表

工程名称:培训楼工程　　　　　　　　　　　　　　　　　　　　第 3 页 共 8 页

序号	项目编码	项目名称	项目特征描述	计量单位	工程量	金额/元		
						综合单价	合价	其中 暂估价
19	010515001001	现浇构件钢筋		t	22.149	4367.33	96731.99	
20	010516003001	机械连接		个	398	41.98	16708.04	
21	010801001001	木质门	门代号及洞口尺寸:M2 900×2400	m^2	8.64	234.25	2023.92	
22	010801001002	木质门	门代号及洞口尺寸:M1 2400×2700	m^2	6.48	229.37	1486.32	
23	010801001003	木质门	门代号及洞口尺寸:M3 900×2100	m^2	3.78	234.25	885.47	
24	010801001004	木质门	门代号及洞口尺寸:MC-1 900×2700	m^2	2.43	234.24	569.2	
25	010807001001	金属(塑钢、断桥)窗	1. 窗代号及洞口尺寸:C1 1500×1800 2. 框、扇材质:塑钢	m^2	10.8	421.49	4552.09	
26	010807001002	金属(塑钢、断桥)窗	1. 窗代号及洞口尺寸:C2 1800×1800 2. 框、扇材质:塑钢	m^2	6.48	421.49	2731.26	
27	010807001003	金属(塑钢、断桥)窗	1. 窗代号及洞口尺寸:C-1 1500×1800 2. 框、扇材质:塑钢	m^2	10.8	421.49	4552.09	
28	010807001004	金属(塑钢、断桥)窗	1. 窗代号及洞口尺寸:MC1 1500×1800 2. 框、扇材质:塑钢	m^2	2.7	421.49	1138.02	
29	010902001001	屋面卷材防水	1. 卷材品种、规格、厚度:SBS 卷材防水层上翻 250 mm 2. 防水层数:1∶2 水泥砂浆保护层 10 厚 3. 防水层做法:满铺	m^2	75.5124	64.71	4886.41	
30	010902001002	屋面卷材防水	1. 卷材品种、规格、厚度:SBS 卷材防水层上翻 250 mm 2. 防水层做法:满铺	m^2	40.7724	41.67	1698.99	

分部分项工程和单价措施项目清单与计价表

工程名称:培训楼工程　　　　第 4 页 共 8 页

序号	项目编码	项目名称	项目特征描述	计量单位	工程量	金额/元		
						综合单价	合价	其中 暂估价
31	011001001001	保温隔热屋面	保温隔热材料品种、规格、厚度:1∶10 水泥珍珠岩保温层厚 100 mm	m^2	66.9424	46.33	3101.44	
32	011101006001	平面砂浆找平层	找平层厚度、砂浆配合比:1∶2水泥砂浆 20 厚找平层在填充料上　1∶2 水泥砂浆 20 厚找平层	m^2	66.9424	32.42	2170.27	
33	011101006002	平面砂浆找平层	找平层厚度、砂浆配合比:1∶2水泥砂浆 20 厚找平层	m^2	23.3784	15.37	359.33	
34	011107004001	水泥砂浆台阶面	面层厚度、砂浆配合比:20 厚 1∶2 水泥砂浆	m^2	3.54	47.78	169.14	
35	011101001002	水泥砂浆楼地面		m^2	19.305	19.81	382.43	
36	011107004001	水泥砂浆台阶面		m^2	3.18	44.75	142.31	
37	011101001001	水泥砂浆楼地面	1. 找平层厚度、砂浆配合比:150 厚 3∶7 灰土;50 厚 C15 素混凝土垫层 2. 素水泥浆遍数:素水泥浆一道(内掺建筑胶) 3. 面层厚度、砂浆配合比:20 厚 1∶2.5 水泥砂浆抹面压实赶光	m^2	7.9236	86.32	683.97	
38	011102003001	块料楼地面	1. 找平层厚度、砂浆配合比:20 厚 1∶2 水泥砂浆找平层 2. 面层材料品种、规格、颜色:10 厚铺 600×600 地砖,稀水泥浆(或彩色水泥浆)擦缝	m^2	20.5848	118.88	2447.12	

分部分项工程和单价措施项目清单与计价表

工程名称：培训楼工程　　　　第 5 页　共 8 页

序号	项目编码	项目名称	项目特征描述	计量单位	工程量	金额/元		
						综合单价	合价	其中：暂估价
39	011102003002	块料楼地面	1. 找平层厚度、砂浆配合比：150 厚 3∶7 灰土；50 厚 C15 素混凝土垫层；20 厚 1∶3 水泥砂浆找平 2. 结合层厚度、砂浆配合比：1∶2.5 水泥砂浆铺贴 3. 面层材料品种、规格、颜色：10 厚铺 600 mm×600 mm 陶瓷砖，稀水泥浆（或彩色水泥浆）擦缝	m^2	35.2512	184.75	6512.66	
40	011104001001	地毯楼地面	1. 面层材料品种、规格、颜色：防静电地毯 2. 粘结材料种类：20 厚 1∶2 水泥砂浆找平层	m^2	35.2512	154.92	5461.12	
41	011104002001	竹、木（复合）地板	1. 基层材料种类、规格：150 厚 3∶7 灰土；50 厚 C15 混凝土垫层；35 厚 C15 细石混凝土随打随抹平；1 厚 JS 防水涂料 2. 面层材料品种、规格、颜色：9 厚长条普通实木企口地板	m^2	15.5916	233.97	3647.97	
42	011105002001	石材踢脚线	1. 踢脚线高度：120 2. 粘贴层厚度、材料种类：20 厚水玻璃耐酸砂浆铺贴 3. 面层材料品种、规格、颜色：10 厚大理石板，稀水泥浆（或彩色水泥浆）擦缝	m^2	5.67	270.6	1534.3	
43	011105003001	块料踢脚线	1. 踢脚线高度：120 2. 粘贴层厚度、材料种类：10 厚 1∶3 水泥砂浆打底扫毛或划出纹道；1∶2 水泥砂浆铺贴 3. 面层材料品种、规格、颜色：陶瓷块料踢脚线	m^2	1.3824	85.89	118.73	

分部分项工程和单价措施项目清单与计价表

工程名称:培训楼工程　　　　第 6 页 共 8 页

序号	项目编码	项目名称	项目特征描述	计量单位	工程量	金额/元		
						综合单价	合价	其中 暂估价
44	011105003002	块料踢脚线	1.踢脚线高度:120 2.粘贴层厚度、材料种类:1:2水泥砂浆粘贴 3.面层材料品种、规格、颜色:釉面砖	m^2	2.9997	86.05	258.12	
45	011201001001	墙面一般抹灰	1.墙体类型:砖墙 2.底层厚度、砂浆配合比:10厚1:2:8混合砂浆打底 3.面层厚度、砂浆配合比:3厚纸筋灰面 4.装饰面材料种类:刷乳胶漆二遍	m^2	361.5803	29.76	10760.63	
46	011201001002	墙面一般抹灰	1.墙体类型:楼梯板侧面 2.底层厚度、砂浆配合比:15厚1:2水泥石灰砂浆底 3.面层厚度、砂浆配合比:2.5厚石膏面	m^2	0.938	35.3	33.11	
47	011204003001	块料墙面	1.墙体类型:砖外墙面 2.面层材料品种、规格、颜色:1:2.5水泥砂浆贴30×60彩釉面砖(红色)	m^2	31.6395	75.14	2377.39	
48	011204003002	块料墙面	1.墙体类型:砖外墙面 2.面层材料品种、规格、颜色:1:2.5水泥砂浆贴30×60彩釉面砖(白色)	m^2	249.3298	75.14	18734.64	

分部分项工程和单价措施项目清单与计价表

工程名称：培训楼工程　　　　第 7 页 共 8 页

序号	项目编码	项目名称	项目特征描述	计量单位	工程量	金额/元		
						综合单价	合价	其中 暂估价
49	011207001001	墙面装饰板	1. 龙骨材料种类、规格、中距：木龙骨(断面 7.5 cm^2 木龙骨平均中距(mm 以内)300) 2. 隔离层材料种类、规格：2 mmJS防水涂料 3. 基层材料种类、规格：1∶2.5水泥砂浆墙面；三夹板基层 4. 面层材料品种、规格、颜色：红榉夹板面层(普通)；油漆饰面(聚酯清漆三遍)	m^2	13.908	241.47	3358.36	
50	011301001001	天棚抹灰	1. 抹灰厚度、材料种类：3 厚石膏面；砂胶涂料 2. 砂浆配合比：10 厚 1∶1∶6 混合砂浆打底	m^2	135.6571	47.43	6434.22	
51	011302001001	吊顶天棚	1. 吊顶形式、吊杆规格、高度：石膏吸音板吊顶天棚，高度 3000 2. 龙骨材料种类、规格、中距：装配式 U 型轻钢龙骨(不上人型)面层规格 450×450 3. 面层材料品种、规格：安装石膏吸音板	m^2	15.5916	105.51	1645.07	
52	011407001001	墙面喷刷涂料	1. 基层类型：15 mm 厚 1∶2 水泥砂浆底 2. 涂料品种、喷刷遍数：弹性彩石漆涂料面一遍	m^2	14.338	134.98	1935.34	
53	011407001002	墙面喷刷涂料	1. 基层类型：15 mm 厚 1∶2 水泥砂浆底 2. 涂料品种、喷刷遍数：弹性彩石漆涂料面一遍	m^2	13.7	101.82	1394.93	

分部分项工程和单价措施项目清单与计价表

工程名称:培训楼工程　　　　第 8 页 共 8 页

序号	项目编码	项目名称	项目特征描述	计量单位	工程量	金额/元		
						综合单价	合价	其中 暂估价
54	011503001001	金属扶手、栏杆、栏板	1. 扶手材料种类、规格:不锈钢扶手 Φ75 2. 栏杆材料种类、规格:不锈钢栏杆	m	16.3114	221.7	3616.24	
		措施项目					42369.19	
55	粤 011701008001	综合钢脚手架		m^2	320.1	25.92	8296.99	
56	粤 011701011001	里脚手架		m^2	153.54	9.69	1487.8	
57	011702001001	基础		m^2	32.46	48.46	1573.01	
58	011702002001	矩形柱		m^2	144.382	57.1	8244.21	
59	011702003001	构造柱		m^2	3.8016	63.41	241.06	
60	011702006001	矩形梁		m^2	114.1647	62.68	7155.84	
61	011702009001	过梁		m^2	19.449	80	1555.92	
62	011702014001	有梁板		m^2	110.4286	54.63	6032.71	
63	011702021001	栏板		m^2	29.5064	60.24	1777.47	
64	011702023001	雨篷、悬挑板、阳台板		m^2	31.368	69.14	2168.78	
65	011702024001	楼梯		m^2	6.6402	168.96	1121.93	
66	011702025001	其他现浇构件		m^2	6.3432	406.77	2580.22	
67	011702027001	台阶		m^2	3.54	37.64	133.25	